"爱我家乡，美丽乡村"新型农房设计大赛图集
——第四届设计大赛作品

刘敬疆　主编

住房和城乡建设部科技与产业化发展中心
（住房和城乡建设部住宅产业化促进中心）
绿色装配式农房产业技术创新战略联盟　编著
北京诚栋国际营地集成房屋股份有限公司
唐 山 华 纤 科 技 有 限 公 司

中国建筑工业出版社

图书在版编目（CIP）数据

"爱我家乡，美丽乡村"新型农房设计大赛图集：
第四届设计大赛作品 / 刘敬疆主编；住房和城乡建设部
科技与产业化发展中心（住房和城乡建设部住宅产业化促
进中心）等编著 . —北京：中国建筑工业出版社，
2022.11
　　ISBN 978-7-112-28081-0

　　Ⅰ.①爱…　Ⅱ.①刘…②住…　Ⅲ.①农村住宅—建
筑设计—图集　Ⅳ.① TU241.4-64

　　中国版本图书馆 CIP 数据核字（2022）第 200393 号

　　责任编辑：张文胜
　　责任校对：张惠雯

"爱我家乡，美丽乡村"新型农房设计大赛图集——第四届设计大赛作品
　　　　　　　　　刘敬疆　主编
住房和城乡建设部科技与产业化发展中心
（住房和城乡建设部住宅产业化促进中心）
绿色装配式农房产业技术创新战略联盟　编著
北京诚栋国际营地集成房屋股份有限公司
唐山华纤科技有限公司
＊
中国建筑工业出版社出版、发行（北京海淀三里河路9号）
各地新华书店、建筑书店经销
北京雅盈中佳图文设计有限公司制版
北京中科印刷有限公司印刷
＊
开本：889 毫米 ×1194 毫米　1/12　印张：13⅓　字数：703 千字
2022 年 11 月第一版　2022 年 11 月第一次印刷
定价：**138.00** 元
ISBN 978-7-112-28081-0
　　　（39819）

本书编委会

主　　编：刘敬疆

编　　著：住房和城乡建设部科技与产业化发展中心

　　　　　（住房和城乡建设部住宅产业化促进中心）

　　　　　绿色装配式农房产业技术创新战略联盟

　　　　　北京诚栋国际营地集成房屋股份有限公司

　　　　　唐山华纤科技有限公司

副 主 编：唐　亮　　张旭东　　邵高峰　　刘珊珊

　　　　　张澜沁　　潘　华　　王婉伊　　秦艳慧

参编人员：王宝祥　　马光磊　　王　超　　胡佳华

　　　　　张　勇

序

务农重本，国之大纲。习近平总书记指出，农业还是"四化同步"的短腿，农村还是我国高质量发展的短板。党的十九大提出乡村振兴战略，中国的乡村建设进入一个新的阶段，第一次将"乡村建设行动"写入中央文件，明确要"把乡村建设摆在社会主义现代化建设的重要位置"。

乡村是人类生存的重要依托，是中华传统文化的根脉和载体，在中华民族伟大复兴中的作用不可替代。农房建设作为乡村面貌的重要组成部分和乡愁的主要传递载体，在乡村建设中占据重要位置，是乡村振兴的出发点和落脚点，要让村庄越来越美，农房越来越舒适。

我国农村基础设施和公共服务体系还不健全，还存在一些短板和薄弱环节，与农民群众日益增长的对美好生活的需求还有差距。农村建房仍然以自建为主，风格杂乱，缺乏规划及有序的施工组织和完整的安全保障措施，与现代化农村的建设要求相去甚远，近年发生的若干农村自建房安全事故给整个社会造成了不良的影响和不可挽回的损失。农村住房建设规范化、标准化、绿色化势在必行。

"爱我家乡，美丽乡村"新型农房设计征集活动自2016年举办以来，已成功举办四届，收到了来自五湖四海的建筑学子的实地调研材料与优秀设计作品，进行了许多有益的探索。在农房建设中植入乡愁元素，在产业拓展中发展绿色经济，让大学生回归故乡，让农房建设与建筑产业升级有机融合，迸发新的经济增长亮点，对于推广绿色装配式农房技术产业化、培育农房供需市场，以及发挥农房建筑设计单位和农房研发企业的积极性起着重要的作用。该活动以"绿色化、工业化、装配化"的装配式农房为主题，在实地调研农房发展状况、摸清农房地域特色的基础上进行设计，对于培养院校农房设计后备力量，改善各地农房设计与建设现状很有好处。

本次活动对落实党中央、国务院乡村建设行动以及推动乡村振兴都具有重要意义。

中国工程院院士

全国工程勘察设计大师

近年来，我国新型装配式农房行业蓬勃发展，农村建设日新月异，新型装配式农房设计创作更是呈现出一派欣欣向荣的景象。如此，低层装配式建筑课题组于 2016 年初正式成立。在住房和城乡建设部科技与产业化发展中心（住宅产业化促进中心）领导的带领与指导以及全体课题组成员单位的大力支持与配合下，为繁荣建筑创作，培养优秀的建筑设计人才，鼓励在装配式农房设计中勇于探索、脱颖而出的广大青年建筑师，促进新型装配式农房设计理念创新、技术创新，提升我国新型装配式农房设计的整体水平，课题组联合北京工业大学绿色装配式农房产业技术创新战略联盟、西安交通大学、北京工业大学、郑州大学等单位，启动了"爱我家乡，美丽乡村"新型农房设计大赛。

针对装配式农房而举办的设计竞赛可以激发建筑师的灵感和创造力，它是挑选优秀设计构思和杰出建筑师的最佳手段，而收录设计大赛获奖作品的图集，无疑是荟萃优秀设计、展示建筑师风采的设计集锦。

概观此次参赛作品全貌，根据大赛要求，针对地域精神的传承和装配式相关技术的实现，参赛大学生们对各自家乡传统民居开展了广泛的调研，尤其是房屋现状的保温隔热性和安全性的方面的调研，发现问题并找到新型农房的设计依据。在基于现状展开设计的同时，设计者提出了自己的理念并进行了充分的表达，完成了设计大赛的最初设定目标，体现了参赛作品的广泛性和合理性。

新型装配式农房是事关艺术与技术的系统工程，成熟作品的完成并非一日之功。多数作品构思创意精妙，立面造型构成丰富，同时技术层面尚有完善和提升的空间。如此，建筑学子们表现出的创造力，代表了中国新型装配式农房界蓬勃的未来，也预示着新型装配式农房沸腾的希望。

设计图集内容包括大量黑白墨线图、设计分析图、建筑师徒手草图以及彩色电脑效果图，文字说明简洁生动，具有很高的参考和借鉴价值。

事物的发展总是通过对优秀传统的继承和新养分的汲取而不断前进的。基于这种认识，我们把第四届"爱我家乡，美丽乡村"新型农房设计大赛的优秀作品汇集成册，供新型装配式农房设计者参考，并希望从中得到启迪，广开思路，繁荣创作，为我国新型装配式农房事业的发展做出新的贡献。这正是本书的可读性与实用性所在。

千里之行，始于足下，我们已经迈出了坚实的步伐，但未来的路还很长。以后我们还将坚持每年举办此类设计大赛。希望更多的同行能够积极参与，为新型装配式农房的发展贡献自己的智慧和才能。

感谢参与此次设计大赛评选、组织及其他相关工作的专家、同仁们；感谢北京诚栋国际营地集成房屋股份有限公司、唐山华纤科技有限公司对本届大赛及图集出版的大力支持；感谢参加以及关注此次设计大赛的建筑学人。

目 录

"爱我家乡，美丽乡村"
新型农房设计大赛图集
——第四届设计大赛作品

一等奖

【山海居】——滨海山地装配式宿住一体农房建筑设计

背景篇

基地选址

青岛，别称岛城、琴岛、胶澳，副省级市、计划单列市，是国务院批复确定的中国沿海重要中心城市和滨海度假旅游城市，也是国际性港口城市。地处我国华东地区，山东半岛东南，东濒黄海，是山东省经济中心、国家重要的现代海洋产业发展先行区、东北亚国际航运枢纽、海上体育运动基地，"一带一路"新亚欧大陆桥经济走廊主要节点城市和海上合作战略支点。

崂山风景区位于青岛市区以东的黄海之滨，距市中心40余千米，面积为446km²，三围大海，背负平川，海拔1132.7m，是我国万里海岸线上的最高峰，自古有"海上名山第一"之称。文学家王心鉴在《游青岛崂山》一诗中有"何处寻仙人，幽境隐全真。翠岭逾白鹤，奇峰生紫云。明霞澄天地，潮音悦昆仑。海上有青岛，心中无红尘"的吟咏。

基地所在周边情况

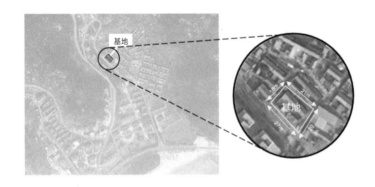

基地位于青岛市崂山区东麦窑村村内，原址为一户民居，位于崂山南岸沟壑处，东、西、北三面环山，地势较为陡峭。村落向南延伸可达崂山旅游景区专用路，南临黄海海滩。民居位于半山腰，周围原民居都已被改建为民宿、旅社，成为当地重要商业。由于位于山路中段，基地只有西侧一条陡峭山路可达，连接至只有双向单车道的崂山旅游景区专用路，所以交通极其不便。

区域山水环境分析

基地东西北三面环山，被黑石沟山、大流顶峰夹在中间，所以地势自北向南比较陡峭，向南部延伸临近黄海海滩，依山傍水。

村落与重点商区分布

基地周边沿崂山南岸东西两侧依次分为西麦窑村和东麦窑村，西麦窑村比较聚集、地势较为平缓；东麦窑村地势狭长陡峭。两村利用原废弃住宅改造成大片民宿、旅社，主打旅游商业。大部分住宅都已改进，仅剩本选址及周边零星几家旧址。

美丽惬意的海滨渔村

东麦窑村地属山东省青岛市崂山区沙子口街道，位于崂山南麓，东邻流清河村，西靠西麦窑村，距沙子口街道办事处驻地以东7km。沿着崂山景区旅游专用路，很快就能到达位于沙子口街道的东麦窑社区。中国乡村旅游模范村、中国美丽休闲乡村、山东省美丽乡村建设示范村……一张张名片的背后，是勤劳的东麦窑人一点点打造起来的美丽家园。

山海村落

中心广场

海鸥·海浪

乡村生活的美好

红瓦·乡村

渔村民宿中的慢时光

东麦窑社区以特色农旅一体化产业发展引领乡村振兴，围绕"山、海、居、墨、渔"等自然与文化资源，挖掘和培育乡村特色文化，打造出了山—海—村独具特色的品质乡村空间布局，而推开一个个院落的大门，更是别有洞天。好山好水，好景好茶，静待花开，度过一段宁静的慢时光。

仙居崂山

竹色漫漫

渔村民宿

好山好水·好景好茶

现状调研篇

村落布局分析

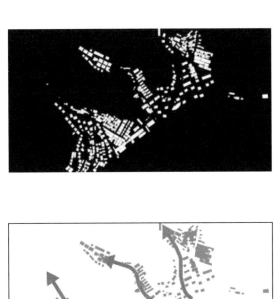

图底关系

"川"字形主路

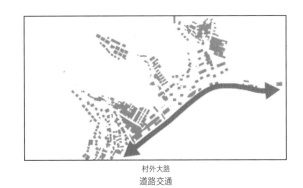

村外大路
道路交通

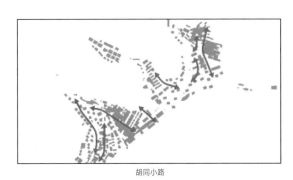

胡同小路

村外绿树

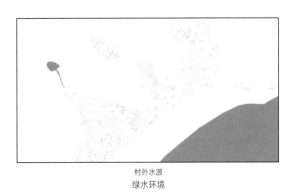

村外水源
绿水环境

宅间绿化

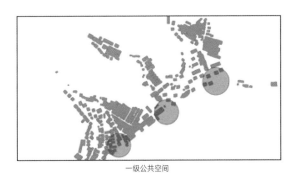

一级公共空间

二级公共空间
行为空间

三级公共空间

基地独有的地理环境——山海格局形成的"喇叭状"村落布局，区别于青岛其他常规网格状村落布局。建筑朝向顺应地势和景观灵活布置，而非正南北朝向。

网格状布局

喇叭状布局

建筑形态和内部功能分析

根据基地现状调研发现，基地周边建筑形态为合院式。屋面多为红瓦双坡屋面，立面为石墙；由于地形有高差，整体布局顺应地势有机散落；部分农宅设有室外露台和屋顶花园观海；农宅周边设有菜园。

当地现有农房一号

建造结构：砖混结构
建造成本：600 元/m²

现有农房一号图纸

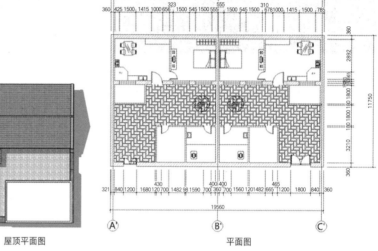

屋顶平面图　　　平面图

 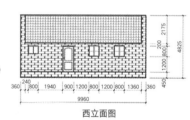

剖面图　　　西立面图

当地现有农房二号

 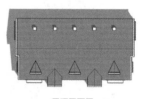

屋顶平面图

建筑结构：框架结构
建造成本：800 元/m²（自建）
　　　　　1500 元/m²（施工队）

现有农房二号图纸

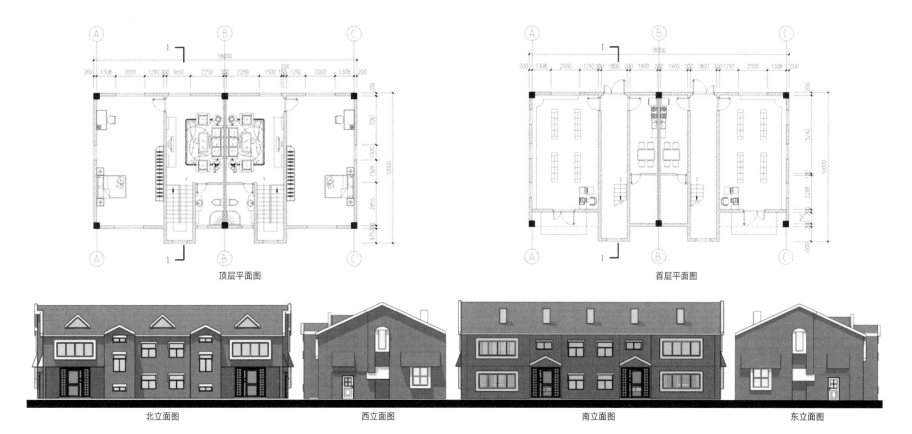

顶层平面图　　　　　　　　　　　　　　首层平面图

北立面图　　　　　　　西立面图　　　　　　　南立面图　　　　　　　东立面图

发展模式分析

产业分析

　　从自给自足的渔业期到机械捕捞期，渔业资源逐渐枯竭，目前，村庄产业发展面临瓶颈，崂山景区发展、美丽乡村建设等一系列机遇赋予村庄新的发展契机，故应着手调整产业结构，充分发挥东麦窑旅游服务功能以实现迭代升级。

人口结构

　　随着农村青年劳动力向城镇转移，山东省农村人口数量逐年减少，人口结构的变化促使农村家庭结构发生了转变。家庭结构多元化，家庭规模向小型化、核心化的趋势发展。空巢家庭、隔代家庭及留守家庭的数量逐年增多。

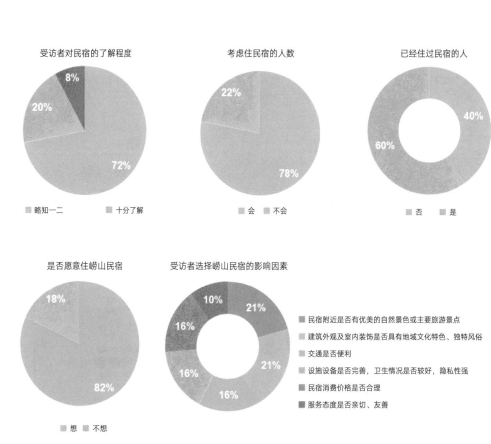

受访者对民宿的了解程度
- 8%
- 20%
- 72%
■ 略知一二　■ 十分了解

考虑住民宿的人数
- 22%
- 78%
■ 会　■ 不会

已经住过民宿的人
- 40%
- 60%
■ 否　■ 是

是否愿意住崂山民宿
- 18%
- 82%
■ 想　■ 不想

受访者选择崂山民宿的影响因素
- 10%
- 21%
- 16%
- 21%
- 16%
- 16%

■ 民宿附近是否有优美的自然景色或主要旅游景点
■ 建筑外观及室内装饰是否具有地域文化特色、独特风俗
■ 交通是否便利
■ 设施设备是否完善，卫生情况是否较好，隐私性强
■ 民宿消费价格是否合理
■ 服务态度是否亲切、友善

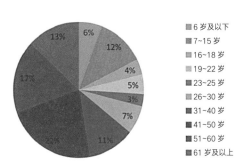

- 6% 6岁及以下
- 12% 7~15岁
- 4% 16~18岁
- 5% 19~22岁
- 3% 23~25岁
- 7% 26~30岁
- 11% 31~40岁
- 22% 41~50岁
- 17% 51~60岁
- 13% 61岁及以上

民宿分类（按体验类型）	案例名称	所在地	案例图片
农园民宿	崂山乡约美宿	崂山区北宅街道	
海滨民宿	崂山朴宿栖澜海居	崂山区王哥庄	
温泉民宿	崂山芳汀民宿	崂山区崂山路	
传统建筑民宿	崂山凭海临风民宿	崂山区大河东村	

村落民宿运营系统

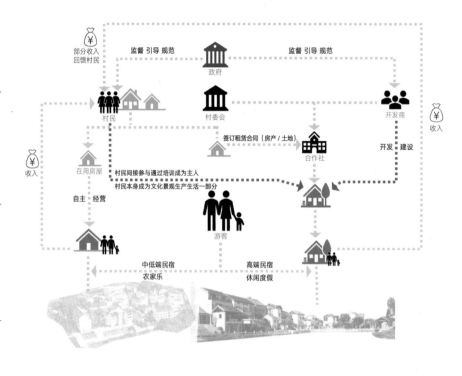

产业结构

　　基于低影响开发理念下的产业结构调整，应保留当地原有产业，整合利用民宿旅游业，作为整合后的种植农业及手工产品的消耗源，且不建议引入新产业作为基础农业。

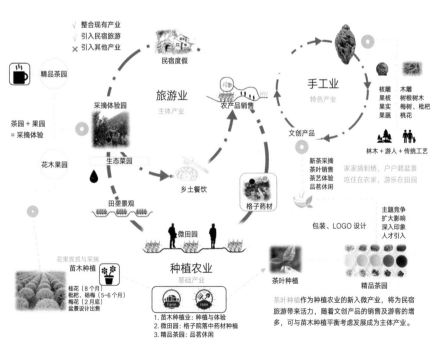

经济预测

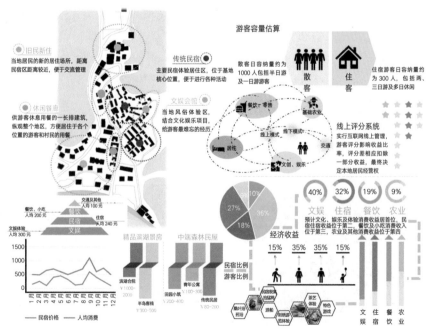

产业支撑篇

青岛住宅产业化基地

部品生产企业型：家居、建材、装修、厨卫、电器、建筑等不同领域的住宅部品件生产。

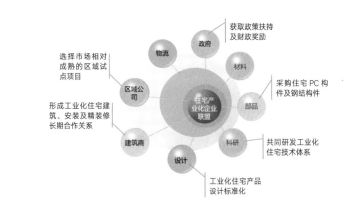

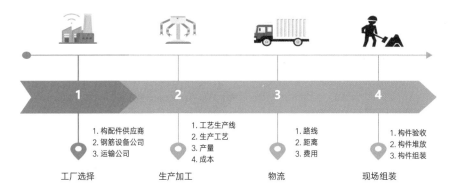

政策支持

山东省：

1. 2020—2021 年新建钢结构装配式住宅 300 万 m² 以上。

2. 鼓励政府投资或主导的保障性住房、周转住房等项目选用钢结构装配式方式建造，相关要求纳入供地方案，并落实到土地合同中。

3. 学校、医院、博物馆、科技馆、体育馆等公益性建筑以及单体建筑面积超过 2 万 m² 的大型公共建筑宜采用装配式钢结构。

4. 符合条件的钢结构装配式住宅企业、项目、产业基地、产业园区给予财税支持。

5. 公积金贷款购买装配式住宅，额度最高可上浮 20%。

6. 预制外墙建筑面积不超过规划总建筑面积 3% 的部分，不计入建筑容积率。商品房预售条件降低，预售资金监管留存比例可下调 10 个百分点。

设计篇

设计目标

本设计的总体目标是以特色农旅一体化产业发展引领乡村振兴，围绕"山、海、居、墨、渔"等自然与文化资源，挖掘和培育乡村特色文化，打造出了山—海—村独具特色的品质乡村空间布局，而推开一个个院落的大门，更是别有洞天。好山好水，好景好茶，静待花开，度过一段宁静的慢时光。

1. 地域性装配式农房：基地独有的地理环境——山海格局形成的"喇叭状"村落布局，区别于青岛其他常规网格状村落布局。建筑朝向顺应地势和景观灵活布置，而非正南北朝向。将一个装配式农房基本单元通过组合，融入特殊的喇叭状布局，形成具有地域性的青岛滨海山地装配式村落。

2. 民宿和自用农宅和谐共生：从自给自足的渔业期到机械捕捞期，渔业资源逐渐枯竭，目前，村庄产业发展面临瓶颈，崂山景区发展、美丽乡村建设等一系列机遇赋予村庄新的发展契机，故应着手调整产业结构，充分发挥东麦窑旅游资源，引入推广复合型民宿农宅，实现民宿和自用农宅和谐共生。

设计构思

设计理念与在地性的结合

运用 AHP 法分别从地缘、血缘、业缘三个方面选取崂山海岸、道教文化、渔文化等总计 12 个景源因子针对东麦窑村的景观资源进行权重分析，权重排名高的因子将来结合民宿、文创产业开展旅游业开发，在不破坏原有场地肌理的情况下，通过低影响开发的设计理念，探索东麦窑村独有的可持续发展模式。

共性与个性的融合：用一个基本的建筑模块，根据不同的地形条件和居住需求，拓扑变形组合，规划院落和人口位置等，组织成不同的住宅空间模式。

过去与未来的融合：通过对当地房屋调研成果的整理研究，从空间与建筑形态方面提取"宅原型"。

实用与象征的融合：兼颜功能与形象，融合民宿和自用宅两种不同功能，增加地方亲和力。

建筑与环境的融合：庭院、露台与周边环境的呼应。

设计策略

将经过 AHP 法分析出来的 5 个权重和得分最高的因子作为最具有东麦窑村历史文化与景观资源特性的代表，结合东麦窑村现有的、未来的产业结构，在找寻两者之间的共性与差异性之后，设计出整体闲适、宁静的民宿。通过对场地情况、设计理念、产业结构的考虑得出设计的具体依据，在不破坏东麦窑村特性的前提下，从场地环境中汲取设计养分。

由内至外、由表及里：注重室内外空间的互相渗透与连续。在内部空间设计上强调流线组织高效便捷，并通过强调空间的通用化来赋予建筑应对时间考验的能力；外形轮廓简洁明朗，体现现代主义建筑的简约，建筑块体清晰地表达室内外空间对体量的要求；建筑细部细腻精美，色彩沉稳，体现乡村建筑的审美内涵。

建筑与环境水乳交融、和谐共生：共同达至城市环境、自然环境的整体性、和谐性与可持续性。在满足建筑功能性的同时弱化大体量建筑对乡村街巷的负面影响，使建筑能够与环境共生。

多元化、深层次：将农宅成为一个集会议、健康、娱乐、文化于一体的多元化建筑，试图在自然、体育、文化、艺术之间建立起深层的联系，从而更广泛地服务于不同年龄层和不同兴趣人群的使用需求。既满足人民群众对展示展览、休闲娱乐、培训教育及室外休闲场地的使用需求，又给乡村一个良好的生态界面，同时还考虑运营的可持续、低成本等。

设计理念与在地性的结合

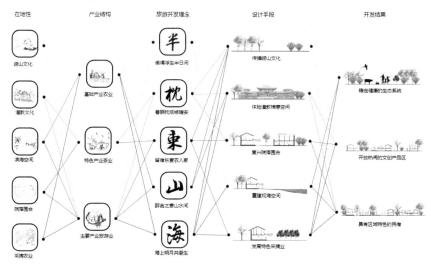

预制模数化

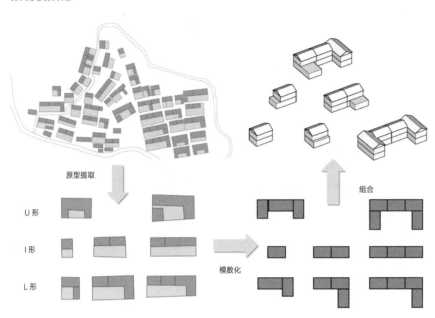

原型提取

U形

I形

L形

模数化

组合

轴线尺寸统一化

在平面设计中着重关注轴线尺寸的统一与房间的标准化，减少外墙构件以及楼板构件的种类，提高建造效率。

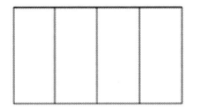

户型模块标准化

通过模块整理，归整剪力墙，实现模块内部隔墙灵活分隔；遵循模数原则和优先尺寸，为内装的标准化预留接口。

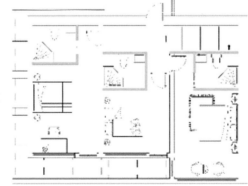

交通核模标准化

将原有非标准交通核按产业化要求调整为若干标准化交通核，包括楼梯、管井、走廊的标准化，同时为模块的灵活组合创造条件。

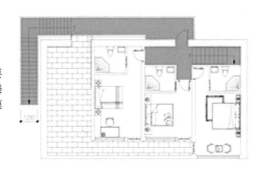

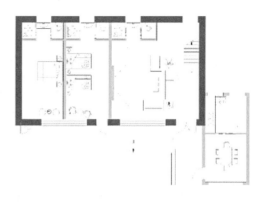

注重系统集成

在新建筑结构设计中，将寿命较长的结构系统与寿命较短的填充体系分离；将设备管井公共化、集成化，使新建筑的寿命得以延长。

立面多样化

标准化的设计虽限定了几何尺寸不变的户型和结构体系，但可通过建立与材料特性和建构特色相适应的立面美学体系，使墙面的色彩、光影、质感、纹理组合富于变化。

建筑方案介绍

方案一

本方案希望以单形体组合成多形体，按照基地特有的村落布局，形成独特的山海乡村规划。利用退台和屋檐合理通过建筑设计使一层的客厅光照充足，二楼的客房小幅度遮光，达到绿色自然采光。通过坡屋顶自然采集雨水，并在地下置入雨水收集器来收集和储存雨水。将采集来的雨水以及其他废水进行过滤，来灌溉院子内的草坪和种植的橘子树供住户采摘游玩。

建筑大致可划分为公众休闲区、餐饮娱乐区、游客居住区、私人居住区。

全部房屋结构使用轻钢建造体系，外围护材料使用纤维水泥板"石材"纹理以及红瓦和局部木材组成。满足阶段性需求，村民可以根据自家的实际情况决定要建造住宅面积的大小，也可以开始预留用地后期进行加建。符合当地贫困地区房屋建设的阶段性复杂需求。

技术经济指标
总用地面积：260m²
总建筑面积：227m²
一层建筑面积：147m²
二层建筑面积：80m²
容积率：1.35
停车位：1辆

方案一庭院效果图

庭院组合模式 A

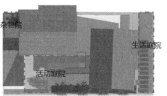
庭院组合模式 B　　　　　　庭院组合模式 C

方案一功能分析

公共空间

主人自用住宅

厨房

餐厅

庭院

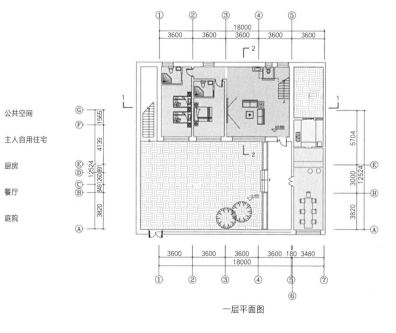
一层平面图

方案一效果图

庭院示意图

自用住宅示意图

餐厅示意图

方案一乡村聚落组成

单形体组合成多形体，按照基地特有的村落布局，形成独特的山海乡村规划。

民宿房间

卫生间

阳台

屋顶花园

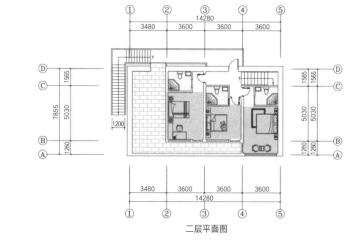
二层平面图

卫生间示意图　　　　　　民宿房间示意图　　　　　　阳台示意图

方案一模块空间组合

单一模块

适用于宅基地较小、房东人口结构单一的农宅民宿设计

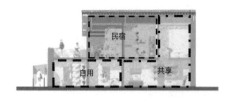

民宿规模较小，主客上下层分流，通过共享空间联系

复合模块 1

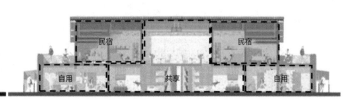

适用于宅基地较大、家庭人口结构多元且保持各自私密性的农宅民宿设计

两家民宿合并经营，共享空间合并，庭院和屋顶花园各自独立，自用房间保证私密性

复合模块 2

适用于宅基地较大、家庭人口结构多元且亲密性较强的农宅民宿设计

两家民宿合并经营，共享空间、屋顶花园和庭院共用，自用房保持亲密性

方案一模块功能拆解

公共空间

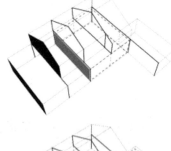

公共空间位于建筑东侧，供整栋楼的旅客休闲娱乐聊天所用

餐厨空间

餐厨空间独立出户，位于主体建筑东侧，供旅客做饭聚餐使用

客房空间

客房空间分布于二层，互相独立又串联便捷，给旅客提供方便的同时保持了私密性

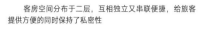

屋顶露台

屋顶楼台位于建筑西侧，有直通院子的通道，给旅客提供透气观景的休闲场所

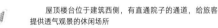

竖向交通

竖向交通是一部隐蔽于建筑角落的折角楼梯，提供通道的同时尽量减少空间的占用

结构与材料

全部房屋结构使用轻钢建造体系，外围护材料使用纤维水泥板"石材"纹理以及红瓦和局部木材组成。

拓展性强

满足阶段性需求，村民可以根据自家的实际情况决定要建造住宅面积的大小，也可以开始预留用地后期进行加建，以符合当地贫困地区房屋建设的阶段性复杂需求。

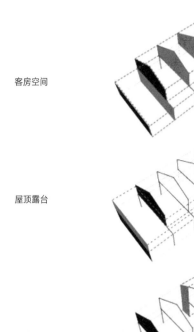

红色陶瓷瓦片

石头肌理的纤维水泥板

木材

轻钢结构

方案一技术图纸

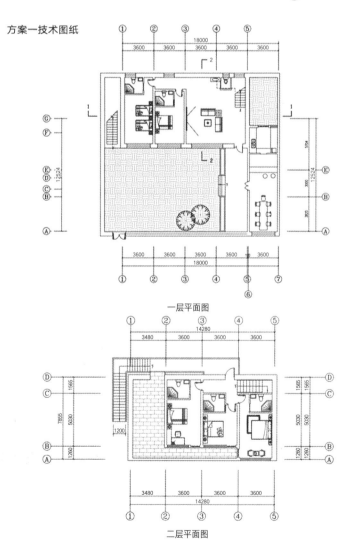

一层平面图

二层平面图

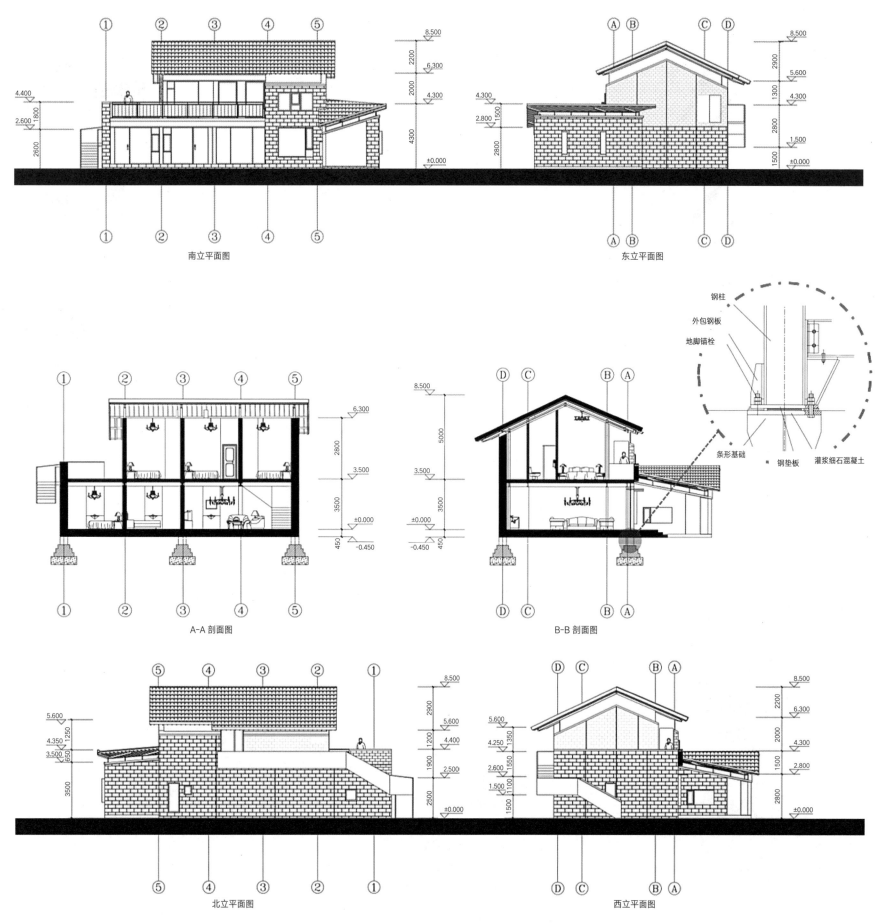

南立平面图

东立平面图

A-A 剖面图

B-B 剖面图

北立平面图

西立平面图

钢柱
外包钢板
地脚锚栓
条形基础
钢垫板
灌浆细石混凝土

方案一绿色技术应用

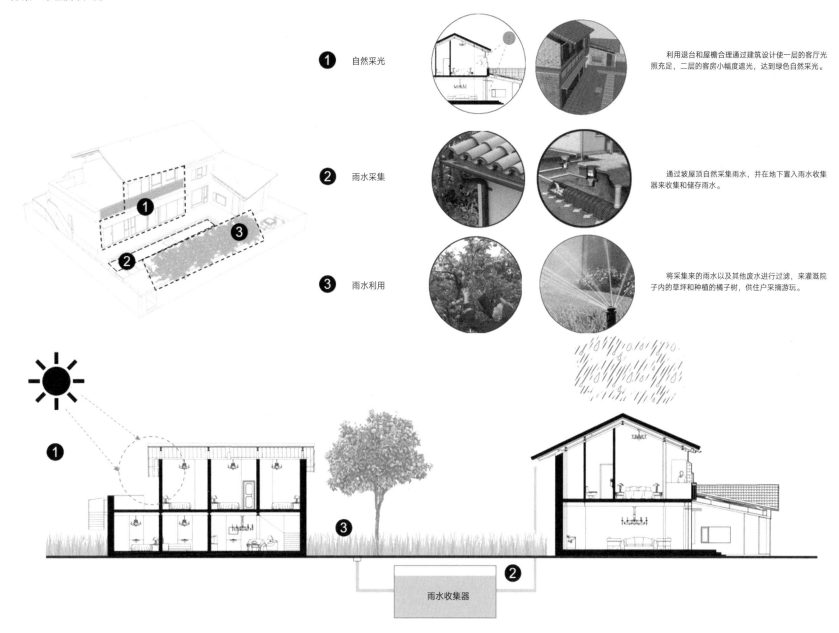

1 自然采光

利用退台和屋檐合理通过建筑设计使一层的客厅光照充足，二层的客房小幅度遮光，达到绿色自然采光。

2 雨水采集

通过坡屋顶自然采集雨水，并在地下置入雨水收集器来收集和储存雨水。

3 雨水利用

将采集来的雨水以及其他废水进行过滤，来灌溉院子内的草坪和种植的橘子树，供住户采摘游玩。

雨水收集器

方案二

　　本方案希望以建设"青岛式"农宅原型为概念，以户主的生活方式和业态转变为切入点，将农宅的统一性和特殊性开放给户主，农宅可以由不同的模块组合方式在基地上展现着不同的形象，使农宅具有空间可变性和多样性。在低成本、低技术的条件下探索装配式农宅系统集成，以展现建筑工业化时代的青岛滨海山地农宅特色。同时为东麦窑打造渔文化、休闲、旅游的产业结构转换目标提出一套合理的农宅设计策略，让户主与游客同时感受山、海、渔文化的优雅情趣，回归慢时光的悠闲生活。

　　建筑大致可划分为公众休闲区、餐饮娱乐区、游客居住区、私人居住区。

　　建筑形体简洁却也具视觉冲击力，其风格、材质相互协调。层叠的竹架与阵列的竖隔断，共同强化了农宅的在地性和乡土性。在这里，山、海、东麦窑共同变成一副"巨幕"山水画，农宅化为基点，村民和游客则是画中之人。红瓦绿树、碧海蓝天，是青岛渔村永恒的主题，

而坡屋顶和平屋顶的搭配更是对东麦窑原农宅特点的提取与深化。庭院成为游客与户主的联系媒介，让游客体验宾至如归的感动，让户主感受有朋自远方来的情怀。

经济技术指标

总用地面积：238.09m²
总建筑面积：251.02m²
一层建筑面积：131.61m²
二层建筑面积：119.41m²
容积率：1.05
停车位：1辆

方案二效果图

方案二模块空间组合

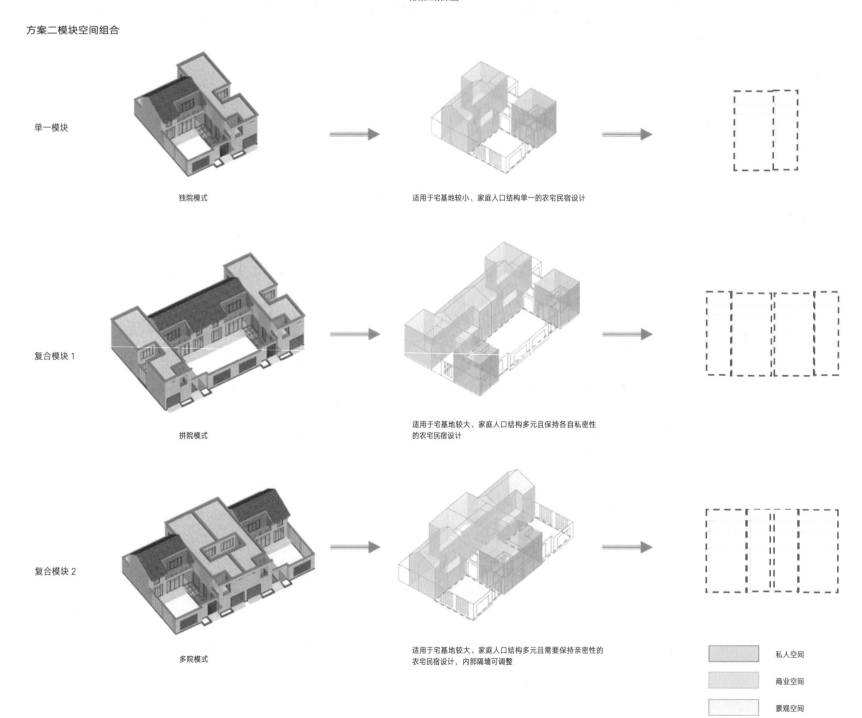

单一模块

独院模式

适用于宅基地较小、家庭人口结构单一的农宅民宿设计

复合模块 1

拼院模式

适用于宅基地较大、家庭人口结构多元且保持各自私密性的农宅民宿设计

复合模块 2

多院模式

适用于宅基地较大、家庭人口结构多元且需要保持亲密性的农宅民宿设计，内部隔墙可调整

私人空间

商业空间

景观空间

方案二模块功能拆解

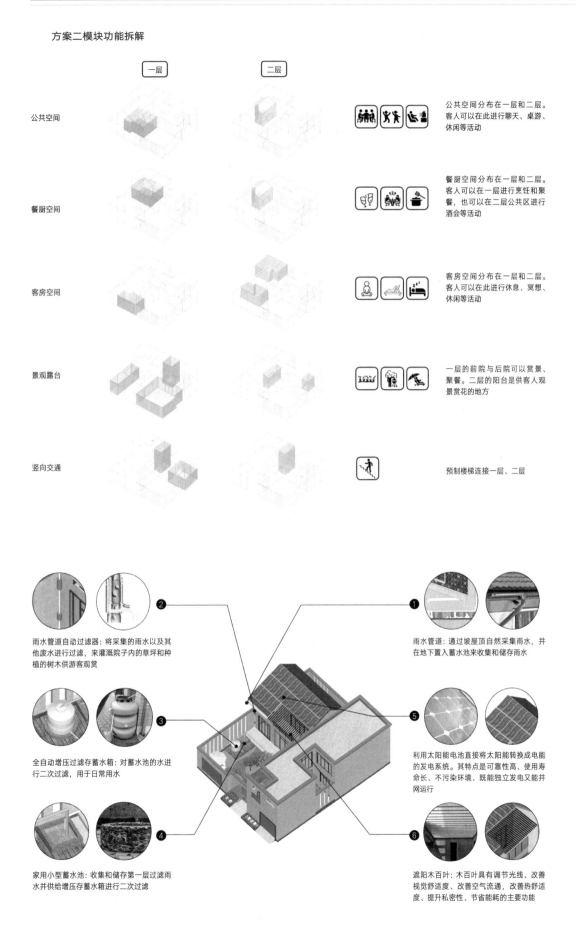

一层　　二层

公共空间
公共空间分布在一层和二层。客人可以在此进行聊天、桌游、休闲等活动

餐厨空间
餐厨空间分布在一层和二层。客人可以在一层进行烹饪和聚餐，也可以在二层公共区进行酒会等活动

客房空间
客房空间分布在一层和二层。客人可以在此进行休息、冥想、休闲等活动

景观露台
一层的前院与后院可以赏景、聚餐。二层的阳台是供客人观景赏花的地方

竖向交通
预制楼梯连接一层、二层

② 雨水管道自动过滤器：将采集的雨水以及其他废水进行过滤，来灌溉院子内的草坪和种植的树木供游客观赏

① 雨水管道：通过坡屋顶自然采集雨水，并在地下置入蓄水池来收集和储存雨水

③ 全自动增压过滤存蓄水箱：对蓄水池的水进行二次过滤，用于日常用水

⑤ 利用太阳能电池直接将太阳能转换成电能的发电系统。其特点是可靠性高、使用寿命长、不污染环境、既能独立发电又能并网运行

④ 家用小型蓄水池：收集和储存第一层过滤雨水并供给增压存蓄水箱进行二次过滤

⑥ 遮阳木百叶：木百叶具有调节光线、改善视觉舒适度、改善空气流通，改善热舒适度、提升私密性、节省能耗的主要功能

方案二技术图纸

南立面图

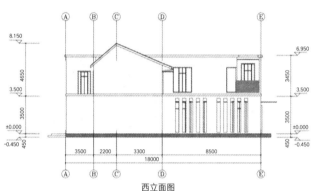

西立面图

北立面图

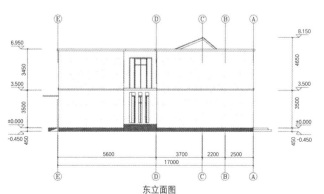

东立面图

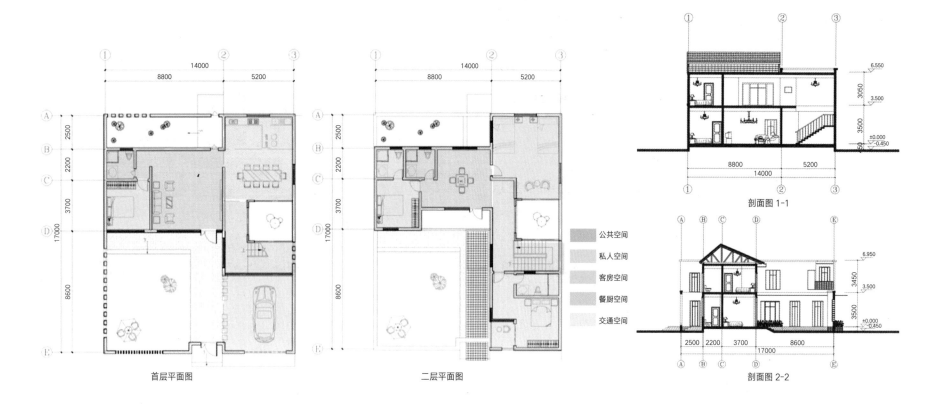

首层平面图　　　　　　　　　　二层平面图

	公共空间
	私人空间
	客房空间
	餐厨空间
	交通空间

剖面图 1-1

剖面图 2-2

PC 构件生产

两条自动化生产线：外墙板生产线、内墙板和叠合板混合生产线。一条生产异形构件的固定模台线。

PC 生产基地理论年产量（中等规模）

	构件体积	每班生产块数	每日班数	年产天数	理论年产量
叠合楼板	1.512m³	48	2	75	10872m³
内墙板	2.16m³	48	2	75	15552m³
外墙板	4.32m³	32	2	150	41472m³
异形构件	3.6m³	30	1	300	32400m³
合计	—	—	—	—	100296m³

运输物流

构件用行车吊至运输车上，装车时避免构件的磕碰破坏，车上放置适合构件运输的运输台架（竖向装车）或垫块（横向装车）。运输过程中为了防止构件发生摇晃或移动，要用钢丝绳或夹具对构件进行充分固定。

运输路线要选择路况较好的道路，车辆行驶要注意平稳，减少行驶过程中的剧烈晃动。

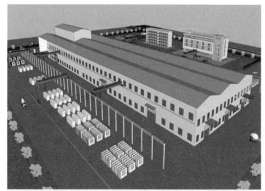

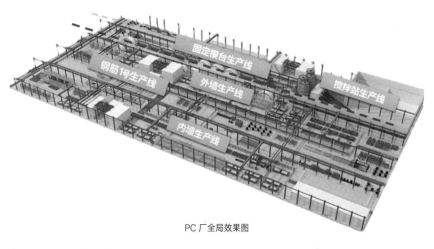

PC 厂全局效果图

装配工具

序号	设备名称	用途	图示
1	汽车吊	预制构件吊装	
2	脚手架	高空作业	
3	钢扁担	垂直构件吊装均布荷载，增加吊装时构件的稳定性	
4	斜支撑	竖直构件安装后临时支撑	
5	钢筋定位框	构件定位	
6	叠合板支撑	叠合板等水平构件安装后临时支撑	
7	夹具	构件安装辅助工具	
8	电动扳手	构件安装辅助工具	
9	构件堆放支架	构件临时堆放支撑架	
10	矩形吊架	板件吊装荷载均布，增加吊装时构件的稳定性	

序号	设备名称	用途	图示
11	吊索	吊装承力拉索	
12	卸扣	起重设备的分部件	
13	调高垫片	构件安装辅助工具	
14	专用吊具	构件安装辅助工具	
15	电子地秤	量取水、灌浆料	
16	电动搅拌机	浆料拌制	
17	电动灌浆泵	压力法灌浆	
18	手动注浆枪	应急用注浆	

产业化建造篇

产业化建造设计

轴线尺寸统一化：在平面设计中着重关注轴线尺寸的统一与房间的标准化，减少外墙构件以及楼板构件的种类，提高建造效率。

户型模块标准化：通过模块整理，归整剪力墙，实现模块内部隔墙灵活分隔；遵循模数原则和优先尺寸，为内装的标准化预留接口。

交通核模标准化：将原有非标准交通核按产业化要求调整为若干标准化交通核，包括楼梯、管井、走廊的标准化，同时为模块的灵活组合创造条件。

注重系统集成：在新建筑结构设计中，将寿命较长的结构系统与寿命较短的填充体系分离；将设备管井公共化，集成化，使新建筑的寿命得以延长。

立面多样化：标准化的设计虽限定了几何尺寸不变的户型和结构体系，但可通过建立与材料特性和建构特色相适应的立面美学体系，使墙面的色彩、光影、质感、纹理组合富于变化。

轻钢结构体系现场组装流程

采用预制化、装配式的工业化建造模式，轻钢结构体系的房屋在很大程度上节省了施工时间与施工成本。将预制完成的模块运到现场后，即可立即开展建造活动，村民可以自主学习并互帮互助一起完成房屋的"装配"。全部干作业施工，不受环境季节影响。一栋300m²左右的建筑，只需5个工人30个工作日即可完成从地基到装修的全过程。

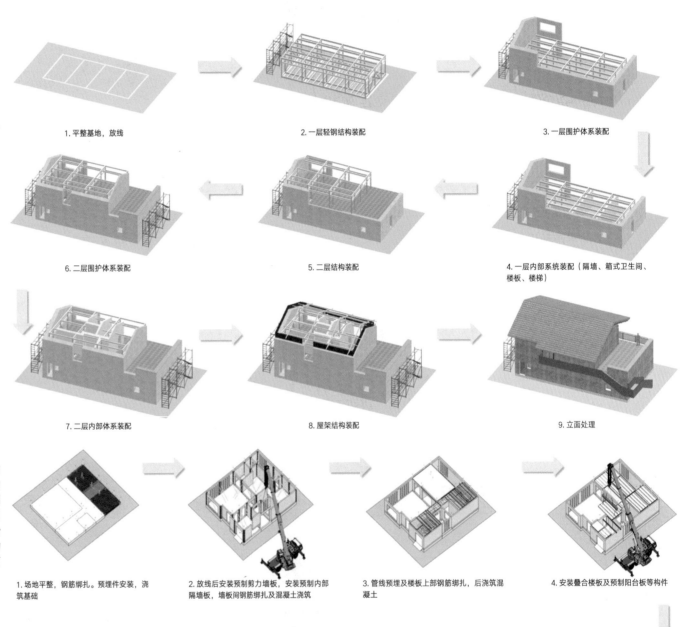

1. 平整基地，放线
2. 一层轻钢结构装配
3. 一层围护体系装配
4. 一层内部系统装配（隔墙、箱式卫生间、楼板、楼梯）
5. 二层结构装配
6. 二层围护体系装配
7. 二层内部体系装配
8. 屋架结构装配
9. 立面处理

混凝土剪力墙体系现场组装流程

采用装配整体式混凝土剪力墙结构体系。尽可能多地采用预制构件，结构体系中的竖向承重构件剪力墙采用预制方式，水平结构构件采用叠合楼板。同时，内隔墙、楼梯、阳台板及三明治夹芯保温外墙板等都采用预制混凝土构件。将预制构件运到施工现场后，即可立即开展建造活动。

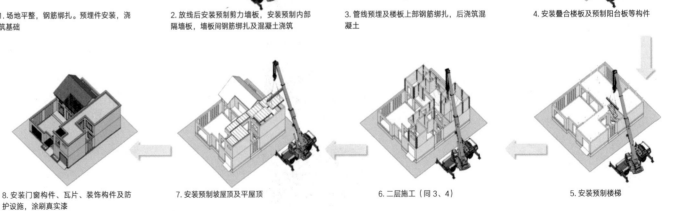

1. 场地平整，钢筋绑扎。预埋件安装，浇筑基础
2. 放线后安装预制剪力墙板，安装预制内部隔墙板，墙板间钢筋绑扎及混凝土浇筑
3. 管线预埋及楼板上部钢筋绑扎，后浇筑混凝土
4. 安装叠合楼板及预制阳台板等构件
5. 安装预制楼梯
6. 二层施工（同3、4）
7. 安装预制坡屋顶及平屋顶
8. 安装门窗构件、瓦片、装饰构件及防护设施，涂刷真实漆

施工人手布置

混凝土剪力墙体系 PC 构件安装需要吊装工人 3 人、灌浆工人 2 人、接缝打胶工人 1 人，一个标准的 PC 施工小组为 6 人左右。

工期 内容	第1天 上 下 晚	第2天 上 下 晚	第3天 上 下 晚	第4天 上 下 晚	第5天 上 下 晚	第6天 上 下 晚	第7天 上 下 晚	第8天 上 下 晚
放线、校正钢筋	▬							
贴海绵条、分仓	▬							
竖向构件吊装	▬							
连接缝隙封堵		▬						
竖向连接灌浆			▬					
竖向钢筋连接绑扎			▬					
墙柱合模、加固								
支模架搭设、拼装模板				▬				
叠合板吊装				▬				
梁板钢筋绑扎、管线预埋					▬ ▬			
混凝土浇筑							▬	

类别	系统铝模板	钢模板	木模板
模板系统通用可使用次数	100~300 次	100~120 次	5~8 次
模板系统造价（含所有配件）	1500 元 /m²	850 元 /m²	100 元 /m²
平均安装人工	20~24 元 /m²	29 元 /m²	24 元 /m²
安装机械费用	1 元 /m²	8 元 /m²	1 元 /m²

预制外墙体结构及连接方式

1. 预制外墙体结构

- 外层 120mm
- 保温隔热材料 100mm
- 预制外墙板（承重层）
- 砂浆孔

2. 预制外墙板间钢筋绑扎及混凝土浇筑

3. 预制外墙板保温层间连接方式——榫接
（1）增加保温性能
（2）提高密封性

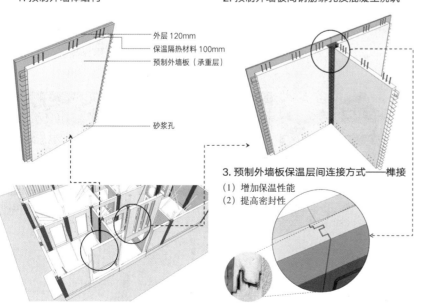

预制叠合板结构

混凝土浇筑应从墙板开始，分层浇筑，每层浇筑高度不大于 80cm，间隔时间一般不小于 1h。

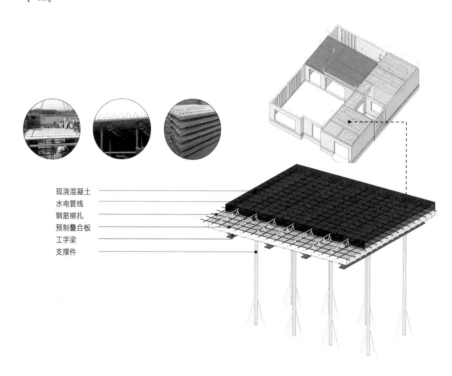

- 现浇混凝土
- 水电管线
- 钢筋绑扎
- 预制叠合板
- 工字梁
- 支撑件

预制屋面板及屋架结构

屋面板结构： 屋面板结构由预制屋面板、防水层、保温层、屋面瓦几部分组成。
屋架结构： 屋架结构采用轻质钢结构，钢架之间的连接采用"焊接"的做法。

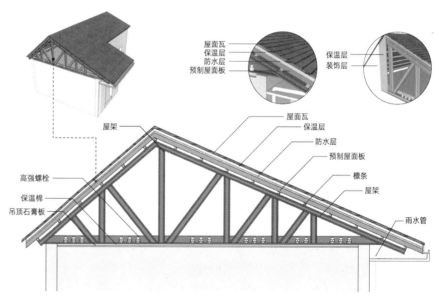

- 屋面瓦
- 保温层
- 防水层
- 预制屋面板

- 保温层
- 装饰层

- 屋架
- 屋面瓦
- 保温层
- 防水层
- 预制屋面板
- 高强螺栓
- 保温棉
- 吊顶石膏板
- 檩条
- 屋架
- 雨水管

学校：青岛理工大学　　指导老师：郝赤彪　解旭东　　设计人员：杨倩倩　张璐　王硕

【装配式模块化土掌房设计】——楚雄市尹家咀村彝族民居

设计说明

　　钢筋混凝土建筑模式以其不可阻挡的优势，影响着中国民居原有的建筑规则。农村居民多愿意"破旧立新"，造一座现代楼房显耀门庭。然而在城镇化浪潮下，彩云之南的农村，依然应该保留一份古朴独特的美。

　　选取土掌房作为建筑原型。土掌房以土石木为基本建材，结构简单，多为低层平顶式，依山坡而建，合院式布局，院内常有高差，高差大小取决于地形坡度，建筑的剖面形态贴近坡地地形，最大限度地保留了周围的自然地貌，对山体的改变极小，具有生态合理性。

村落现状

　　基地目前没有任何建筑，主要为山地和树木。基地东部为已建成的尹家咀村。尹家咀原址的建筑风格为云南传统汉族民居。土墙瓦灰，但部分新建建筑为现代砖混建筑，与传统村落风貌不符。新建建筑应该延续传统风格，更具文化特色。

　　村落为彝族风貌，云南彝族民居的典型风貌为土掌房。土掌房房屋材料就地取材，墙基先用石头垒砌，再用夹板固定，填土夯实后逐层加高形成土墙。屋顶用圆木平行排放而成，不仅防晒、防寒、防雨，同时兼顾夏日纳凉和晒粮食的双重作用。

设计背景

区位环境

　　尹家咀村处于云南省楚雄市，距离鹿城镇4km，该自然村隶属于鹿城镇龙江社区居委会位于鹿城镇西南边，紧邻灵秀立交以及环湖东路。基地面积为1.42hm²，基地西北部为峨碌公园，西部为灵秀湖，地处环境优美。

　　拟建该地块的最大高差为28m，高程分布较为均匀。背景分析包括对现状建筑和普遍的建筑风貌、文化喜好以及现代生活方式转变的研究。建筑风貌选取土掌房为切入点，文化特色方面以"彝族文化名都"为目标，为后期整体和细节规划提供亮点思路。

1. 村落布局	尹家咀村的聚落形态依山就势，村落内主要交通流线由数条平行于等高线的街道联系构成，同时这些巷道之间还有若干与垂直于等高线的巷道相联系，这些街巷曲折自然，不求平直，随弯就曲，自由灵活，尺度亲切宜人，空间有收有放，富于变化	
2. 道路空间	尹家咀村内部道路主要为水泥路面，个别巷道为原始黄土路面，路况较差，道路两侧植被杂乱，缺少特色植被绿化	
3. 建筑形式	尹家咀村建筑风格为云南传统汉族民居。土墙灰瓦，别有一番风味，但部分新建建筑为现代砖混建筑，与传统村落风貌不符	
4. 公共场地及基础设施	村内的公共空间狭小，几乎无供村民茶余饭后闲聊的场所，村内基础设施较为落后，排污以散排为主，环卫设施破旧，多为裸露式。村内无停车场所，私搭乱建车库现象严重	
5. 景观风貌	村庄背靠山体，自然植被良好，村内种植有部分果树。村庄东部有一处水塘及芦苇荡，面积较小，无法构成特色景观。村庄北入口处有一条灌溉渠穿村而过，入口外有一条河道	

概况及生活方式

人口：该村现有农户 115 户，共有乡村人口 390 人，其中男性 158 人，女性 209 人。其中农业人口 390 人，劳动力 230 人。

用地：全村耕地总面积 111.6 亩（全部为水田），人均耕地 0.32 亩，主要种植蔬菜等作物。拥有林地 171.759 亩，有水面 14 亩。

收入：2009 年该自然村农村经济总收入 636.45 万元，其中：种植业收入 222.76 万元，占农村经济总收入的 35%；畜牧业收入 63.65 万元，占农村经济总收入的 10%；渔业收入 9.92 万元，占农村经济总收入的 1.7%。外出劳务收入 25 万元。农民人均总收入 16926.86 元。

设施：该自然村目前已实现水、电、路、电视、电话五通。全组有 50 户通自来水，23 户还在饮用井水；有 73 户通电，有 68 户通有线电视，拥有电视机农户 68 户；安装固定电话或拥有移动电话的农户数 59 户，其中拥有移动电话农户数 28 户。该村小组进村道路为柏油路面，村内主干道均为硬化的路面。装有太阳能的农户 28 户；耕地有效灌溉面积为 0.32 亩。

特色产业：该村的主要产业为蔬菜，主要销售往本县。2014 年主产业全村销售总收入 68.00 万元，该村目前正在发展特色产业，计划大力发展蔬菜产业。

发展重点：该村目前存在的主要困难和问题是：村庄道路差，蔬菜用水极为困难。该村今后的发展思路和重点是：完善蔬菜种植业科技措施，促进农户增质增收。

与传统农业生产相比，楚雄彝族村民使用的工具越来越多，也越来越依赖现代化的生产

增加现代工具农用车、微耕机、碾米机、脱粒机等。机械的参与，减轻了农民的劳动量和劳动强度，提高了劳动效率

交通条件的改善，促进了不同地区的交流和沟通，尤其是促进了农村与城市之间的交流，促进了农村商业活动的发展

村民的摩托车持有率 80%，小汽车持有率 6%。摩托车、农用车和汽车逐渐成为楚雄彝族广泛使用的交通工具

农村生产方式由自给自足的形式逐渐向商业、服务业的方向转变。多样化的生产活动改变了传统的农村生活方式

随着乡村旅游的发展，一些拥有旅游资源和交通优势的农村其生产方式由传统的农业生产向旅游、手工业转变

彝族传统民间节庆和娱乐活动丰富，如歌舞、拔河等，应增加广场空间为各类民俗活动提供空间，农忙时也可作为农业生产服务空间

将居住和生产功能相结合，形成适应农村生活方式特点的新民居设计。充分利用土掌房的平台，保留其功能

存在的问题与解决策略

现存问题

遗 ——————————
村镇处于未建设的状态，建设地块内的道路及公共基础设施尚处于空白，对地形还需进行一定的工程处理。

乱 ——————————
尹家咀村原址的新建建筑与传统村落风貌不相符；建筑色彩、材质、高度、质量等方面参差不齐。

解决策略

留 ——————————
保留建设范围内通往尹家咀村原址的主要道路。
同时保留进入村落入口的大树及其他可利用的自然环境。

续 ——————————
村镇的整体建筑风貌延续楚雄彝族最有特色的民居文化，以土掌房为概念，形成遵循自然又有规律的整体布局。

建 ——————————
村镇规划中考虑交通情况：村庄道路情况较差，无法满足一定的出行需求；基础设施：目前，村落的蔬菜用水极为困难。

新 ——————————
新的设计中创造更多的广场和公共空间，满足休闲及娱乐要求。
村镇目前该村落仅以种植蔬菜为主要产业，产业发展单一。

测绘土掌房平面图纸

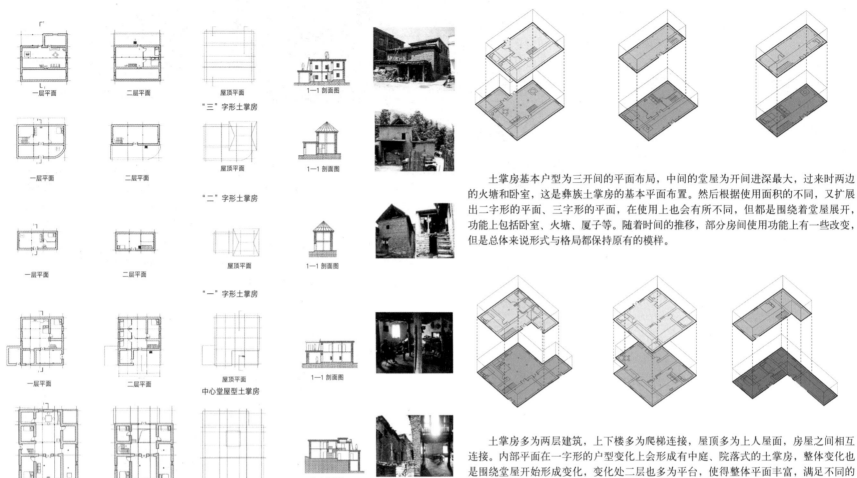

一层平面　二层平面　屋顶平面　"三"字形土掌房　1—1剖面图

一层平面　二层平面　屋顶平面　"二"字形土掌房　1—1剖面图

一层平面　二层平面　屋顶平面　"一"字形土掌房　1—1剖面图

一层平面　二层平面　屋顶平面　中心堂屋型土掌房　1—1剖面图

一层平面　二层平面　屋顶平面　中心天井型土掌房　1—1剖面图

土掌房基本户型为三开间的平面布局，中间的堂屋为开间进深最大，过来时两边的火塘和卧室，这是彝族土掌房的基本平面布置。然后根据使用面积的不同，又扩展出二字形的平面、三字形的平面，在使用上也会有所不同，但都是围绕着堂屋展开，功能上包括卧室、火塘、厦子等。随着时间的推移，部分房间使用功能上有一些改变，但是总体来说形式与格局都保持原有的模样。

土掌房多为两层建筑，上下楼多为爬梯连接，屋顶多为上人屋面，房屋之间相互连接。内部平面在一字形的户型变化上会形成有中庭、院落式的土掌房，整体变化也是围绕堂屋开始形成变化，变化处二层也多为平台，使得整体平面丰富，满足不同的需求。

设计思路与方案

设计总则与总图

本设计以云南彝族传统文化及土掌房为背景，以模块化装配式建造为核心，以重塑古寨民居生活为灵魂，以体验式旅游为特色，打造一个彝族新居乡村。

基地位于一片山地缓坡，希望场地选择及建筑形式能让建筑成为感受景观的载体，创造出土掌房村落风貌。同时建筑功能及形态能够更好地强化当地的观光吸引力，从而创造就业机会并改善当地民众的生活条件。

从彝族文化的原真色彩中提取黄、红、黑三种颜色，作为设计的主色调。选取夯土砖、石材等原始材料，同时使用钢材、玻璃等现代材料，对土掌房的传统建造进行解构，打造的新式土掌房村落。

设计采用了冷弯薄壁轻钢建造工艺，以及模块化的拼接组合方式，使当地居民便于建造同时根据各家的需求和预算进行户型设计的选择及改造。同时预留出可以加建的空间，使建造自主化。

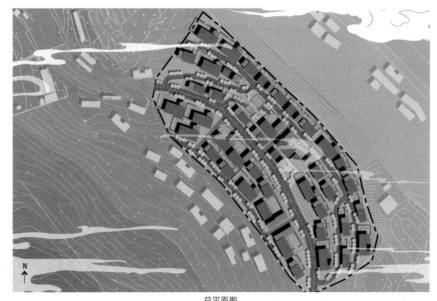

总平面图

方案设计

生态规划分析

村落建筑采用装配式模块化的建筑模式，所以在村落规划上需要整体采用合理的土方平衡法，将其模块可以快速的装配式搭建，将上方的土壤添置下方，合理的留出平台与道路。

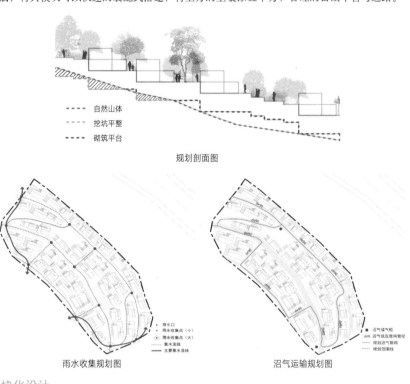

规划剖面图

雨水收集规划图　　　　沼气运输规划图

模块化设计

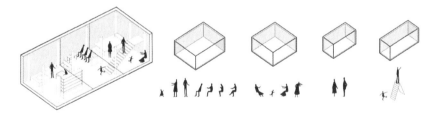

土掌房基本户型为三开间的平面布局，中间的堂屋为开间进深最大，通常尺度为面宽 4200~5200mm，进深 4900~5500mm。

模块是一个可独立进行设计、分析、制造的单元。在功能上，不需要依附其他模块来实现；在预制过程中，是工厂流水线上生产的最终产品；在运输和吊装过程中，是一个独立的运输和吊装单位。对于彝族新民居，采用这种方式为居民定制合适的功能用房，居民在建造的时候也能自己主动进行多样化的选择，满足自己的需求。

进深模数 \ 开间模数	3	3.5	4	4.5	5	5.5	6	宅基地面积	总建筑面积	适宜居住人口
	12.6	14.7	16.8	18.9	21	23.1	25.2	90~120m²	80~120m²	3~4
1　5.4	68.04	79.38	90.72	102.06	113.4	124.74	136.08	宅基地面积	总建筑面积	适宜居住人口
1.3　7.5	94.5	110.25	126	141.75	157.5	173.25	189	120~150m²	150~180m²	4~5
1.7　8.7	109.62	127.89	146.16	164.43	182.7	200.97	219.24	宅基地面积	总建筑面积	适宜居住人口
2　10.8	136.08	158.76	181.44	204.12	226.8	249.48	272.16	150~180m²	200~250m²	5~6
2.3　12.9	162.54	189.63	216.72	243.81	270.9	297.99	325.08	宅基地面积	总建筑面积	适宜居住人口
2.7　14.1	177.66	207.27	236.88	266.49	296.1	325.71	355.32	200~250m²	>270m²	6~7以上
3　16.2	204.12	238.14	272.16	306.18	340.2	374.22	408.24	颜色区域为符合的宅基地组合		

将宅基地按拟定的基本模块化尺寸 5400mm×4200mm 进行网格化划分。住户可以根据自身的经济实力来确定自宅的规模，这样对于建筑成本有一个大概的估算，可以有效地控制住宅的占地面积与建筑面积，在一定的程度上也提高了土地的利用率。

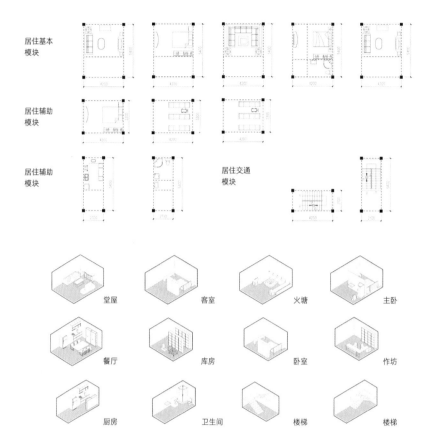

居住基本模块

居住辅助模块

居住辅助模块　　　居住交通模块

堂屋　　客室　　火塘　　主卧

餐厅　　库房　　卧室　　作坊

厨房　　卫生间　　楼梯　　楼梯

装配式设计

装配式构件的材料选用

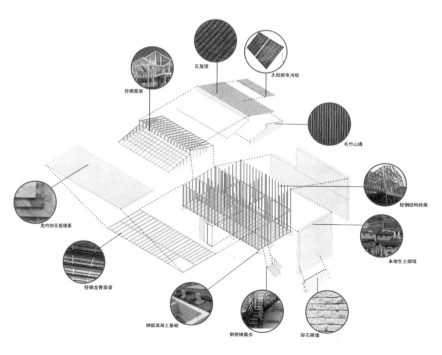

材料	分类	单价	材料	分类	单价
轻钢龙骨	镀锌 C 形钢	4200 元 /t	毛竹材料	装饰外维护	500 元 /t 或就地取材
	镀锌 U 形钢	4200 元 /t	米黄碎石	线脚地基	就地取材
定向剖花板	楼板、墙板、屋面板	1650 元 /m²	XPS 保温板	墙面保温板	240 元 /m²
沥青瓦	屋面瓦	25 元 /m²	纸面石膏板	内饰板	42 元 /m²
太阳能板	家用发电（一般 3~5kW）	6000 元 / kW	塑钢	塑钢窗	130 元 /m²
当地黄泥	夯土外围护	80 元 /m² 或就地取材			

　　装配式选用轻钢龙骨的构架，楼板则选用定向剖花板，其余的材料均为当地较为常见的民居材料，不仅价格相对合理，而且在材料的选用上更能体现彝族民居特色与当地的文化内涵。

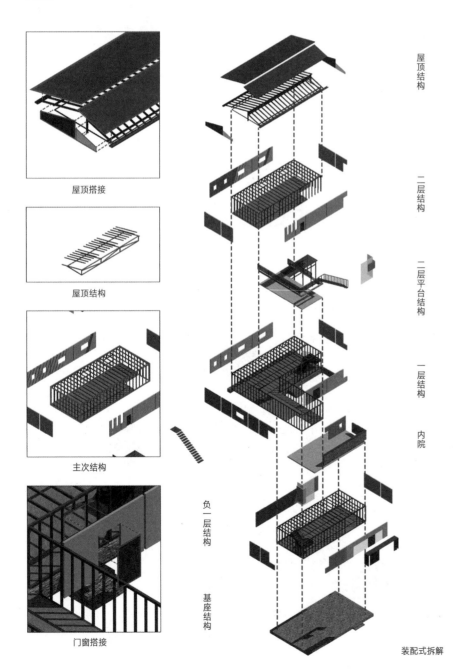

屋顶搭接

屋顶结构

主次结构

门窗搭接

屋顶结构
二层结构
二层平台结构
一层结构
内院
负一层结构
基座结构

装配式拆解

设计图纸

装配式节点设计

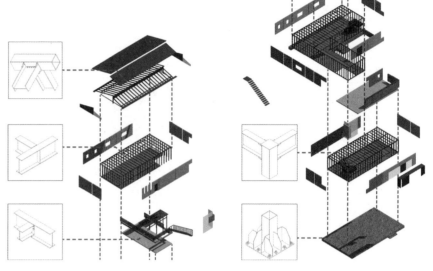

自主选择模式

自定义户型模式

　　由于每家每户的人数、经济条件不同，所以在户型的选择上也会大有不同。

　　而这样模块化的优势便体现出来，用户可以先根据自身条件和规划选择合适大小的用地，然后根据现有的需求从不同的模块中进行选择，然后组装自己的房屋，按照预设的几种优化户型便可以搭建而成。

　　同时对于有一定商业需求的住户也可以选择较大的基地面积，根据经营用途的不同选择合适的模块拼合成满足自己经营需求的空间，可以选择餐饮、民宿、出售商品等功能。通过合理的预设布局可以更容易地满足村民的不同使用需求。

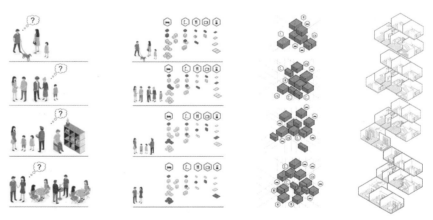

自由扩展户型模式

　　随着时间的推移，每一户都会有着不同的需求变化，所以在户型的设计上都是可以进行自由扩展的，通过装配式的快速建设模式，用户可以多样、快速地定制相应的模块来形成新的房屋与户型来满足需求。

　　而这也是类似于土掌房多种平面户型形制的户型，由一字形的平面可以转变成二字形、L 形、回字形等多种多样的平面模式。建筑也是生长的，在不同时期选择不同的模块加建、拼合、组装来满足村民不同时期的需求。

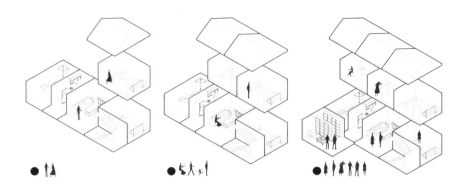

文化特色设计

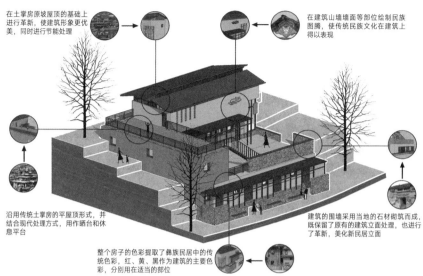

在土掌房原坡屋顶的基础上进行革新，使建筑形象更优美，同时进行节能处理

在建筑山墙墙面等部位绘制民族图腾，使传统民族文化在建筑上得以表现

沿用传统土掌房的平屋顶形式，并结合现代处理方式，用作晒台和休息平台

建筑的围墙采用当地的石材砌筑而成，既保留了原有的建筑立面处理，也进行了革新，美化新民居立面

整个房子的色彩提取了彝族民居中的传统色彩，红、黄、黑作为建筑的主要色彩，分别用在适当的部位

自主搭建外围护结构

装配式建筑为整体搭建，一般都是较为统一的外观，给一向可以自主搭建房屋的我们提供了居民自主搭建外围护结构的模式，通过装配式建筑为村民提供正常的居住条件，村民可以更多利用熟悉的夯土材料进行一定装饰性的外围护搭建，形成自己的风格，体现一定的地域特色，构成整体村落的多样性。

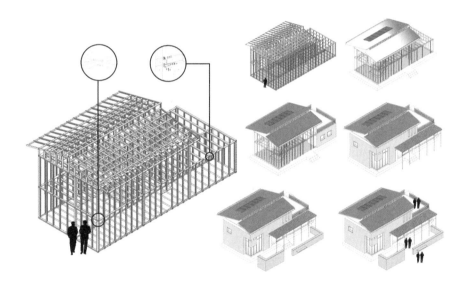

建筑节能方式

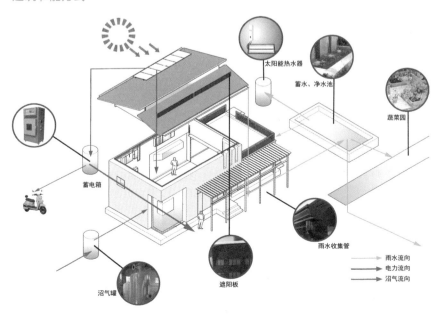

太阳能热水器
蓄水、净水池
蔬菜园
蓄电箱
雨水收集管
沼气罐
遮阳板

雨水流向
电力流向
沼气流向

户型组合方式

以户型 A 为例：

从宅基地模块组合表内面积符合的选项中，选择两个最适宜建造的宅基地组合。

 ×5

通过规定的户型面积，估算所需要的模块数量（以最大模块计算）。

通过前两项交叉设计出最合理的两个基本户型进行模块组合。基本模块规定垂直交通位置，其余模块村民可根据需要自行选择。

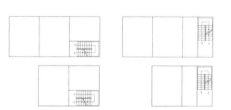

户型组合

下面列出的户型组合均为模块组合示意图，功能以及家具的排布并不固定。

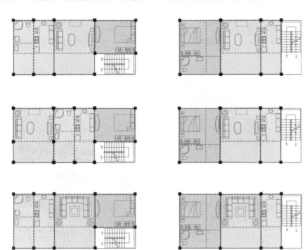

A 户型一层平面组合　　　　　　　B 户型一层平面组合

在模块设计中，我们保留了传统的火塘。在所有的设计中，村民可根据需求，将客厅替换为火塘或两者皆保留。

A 户型二层平面组合　　　　　　　B 户型二层平面组合

设计图纸

户型 A 宅基地面积 90~120m² 设计

构件	数量	用量	单价	总价	总造价
承重柱	2900mm×200 根，900mm×35 根	611.5m × 4kg/m=2446kg	镀锌 C 型钢 4200 元 /t	18100 元	约 38600 元
楼面梁	5400mm×37 根，3300mm×4 根	213m × 6.8kg/m=1450kg			
过梁	1000mm×22 根	22m × 4kg/m=88kg			
屋面梁	3600mm × 8 根，4000mm × 8 根，4200mm×5 根	81.8m × 4kg/m=327.2kg			
导梁	5400mm×10 根，12600mm×4 根，8400mm×4 根	138m × 3.5kg/m=485kg	镀锌 U 型钢 4200 元 /t	2050 元	
墙板	2900mm×1200mm×10mm×55 块（墙面积 184.5m²）	1.85m³	国产 osb 板 1650 元 /m³	9150 元	
屋面板	64m²×15mm	0.96m³			
楼板	181.5m²×15mm	2.73m³			
瓦	瓦片尺寸 1000mm×333mm	64m²	15 元 /m³	960 元	
保温材料	150m²×50mm	7.5m³	Xps300 元 /m³	2250 元	
塑钢窗	10 个 ×1000mm×1300mm	13m²	170 /m²	2210 元	
门	8 个 ×900mm×2000mm	14.4m²	240 元 /m²	3500 元	

宅基地面积	总建筑面积	适宜居住人口
90~120m²	80~120m²	3~4
宅基地面积	总建筑面积	适宜居住人口
120~150m²	150~180m²	4~5
宅基地面积	总建筑面积	适宜居住人口
150~180m²	200~250m²	5~6
宅基地面积	总建筑面积	适宜居住人口
200~250m²	＞ 270m²	6~7 以上
颜色区域为符合的宅基地组合		

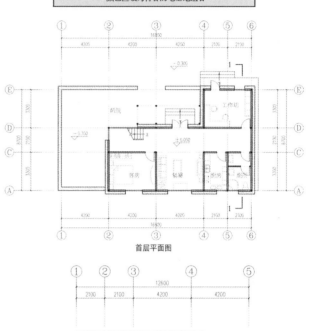

首层平面图

二层平面图

剖面图

北立面图　　　　　　　　西立面图

首层平面图

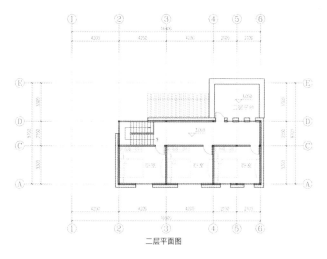

二层平面图

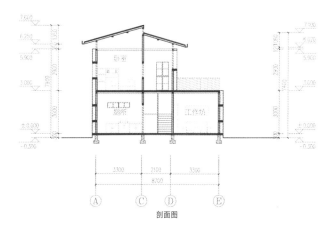

剖面图

户型 B 宅基地面积 120~150m² 设计

构件	数量	用量	单价	总价	总造价
承重柱	2900mm×225 根，900mm×42 根	690m×4kg/m=2760kg	镀锌 C 型钢 4200 元/t	21000 元	约 44200 元
楼面梁	5400mm×37 根，3300mm×20 根	266m×6.8kg/m=1810kg			
过梁	1000mm×28 根	28m×4kg/m=112kg			
屋面梁	3600mm×8 根，4000mm×8 根，4200mm×5 根	81.8m×4kg/m=327.2kg			
导梁	5400mm×8 根，12600mm×4 根，8400mm×4 根，8700mm×4 根，3300mm×2 根	108m×3.5kg/m=630kg	镀锌 U 型钢 4200 元/t	2650 元	
墙板	2900mm×1200mm×10mm×63 块（墙面积 215.8m²）	2.19m³	国产 osb 板 1650 元 /m³	10400 元	
屋面板	77.9mm×15m²	1.17m³			
楼板	195.5m²×15mm	2.93m³			
瓦	瓦片尺寸 1000mm×333mm	64m²	15 元 /m³	960 元	
保温材料	175m²×50mm	8.75m³	Xps300 元 /m³	2650 元	
塑钢窗	10 个 ×1000mm×1300mm	13m²	170 元 /m²	2210 元	
门	10 个 ×900mm×2000mm	18m²	240 元 /m²	4320 元	

宅基地面积	总建筑面积	适宜居住人口
90~120m²	80~120m²	3~4
宅基地面积	总建筑面积	适宜居住人口
120~150m²	150~180m²	4~5
宅基地面积	总建筑面积	适宜居住人口
150~180m²	200~250m²	5~6
宅基地面积	总建筑面积	适宜居住人口
200~250m²	> 270m²	6~7 以上
颜色区域为符合的宅基地组合		

北立面图　　　　　　　　东立面图

户型 C 宅基地面积 150~180m² 设计

构件	数量	用量	单价	总价	总造价
承重柱	2900mm×330 根，900mm×58 根	1010m×4kg/m=4040kg	镀锌 C 型钢 4200 元/t	36500 元	
楼面梁	5400mm×100 根，3300mm×20 根	606m×6.8kg/m=4120kg			
过梁	1000mm×48 根	48m×4kg/m=192kg			
屋面梁	3600mm×8 根，4000mm×8 根，4200mm×5 根	81.8m×4kg/m=327.2kg			
导梁	5400mm×16 根，12600mm×8 根，8400mm×4 根，8700mm×4 根，3300mm×2 根，4200mm×2 根	271m×3.5kg/m=949kg	镀锌 U 型钢 4200 元/t	3980 元	约 72500 元
墙板	2900mm×1200mm×10mm×105 块（墙面积 363.7m²)	3.65m³	国产 osb 板 1650 元/m³	16600 元	
屋面板	154.7m²×15mm	2.32m³			
楼板	272.2m²×15mm	4.08m³			
瓦	瓦片尺寸 1000mm×333mm	64m²	15 元/m³	960 元	
保温材料	298m²×50mm	14.9m³	Xps300 元/m³	4470 元	
塑钢窗	18 个 ×1000mm×1300mm	23.4m²	170 元/m²	3980 元	
门	14 个 ×900mm×2000mm	25.2m²	240 元/m²	6050 元	

宅基地面积	总建筑面积	适宜居住人口
90~120m²	80~120m²	3~4
宅基地面积	总建筑面积	适宜居住人口
120~150m²	150~180m²	4~5
宅基地面积	总建筑面积	适宜居住人口
150~180m²	200~250m²	5~6
宅基地面积	总建筑面积	适宜居住人口
200~250m²	＞270m²	6~7 以上
颜色区域为符合的宅基地组合		

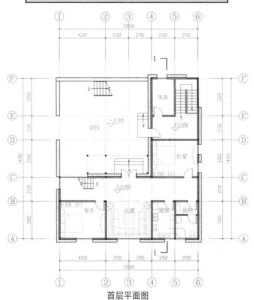

首层平面图

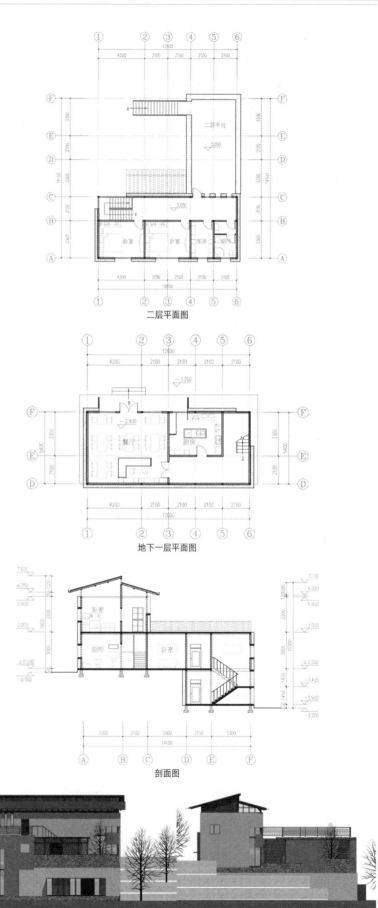

二层平面图

地下一层平面图

剖面图

北立面图　　　　东立面图

户型 D 宅基地面积 200~250m² 设计

构件	数量	用量	单价	总价	总造价
承重柱	2900mm×345 根，900mm×60 根	1055m×4kg/m=4220kg	镀锌 C 型钢 4200 元 /t	43200 元	
楼面梁	5400mm×115 根，3300mm×28 根，2100mm×44 根	806m×6.8kg/m=5480kg			
过梁	1000mm×63 根	63m×4kg/m=252kg			
屋面梁	3600mm×8 根，4000mm×8 根，4200mm×5 根	81.8m×4kg/m=327.2kg			约 84300 元
导梁	5400mm×20 根，12600mm×8 根，8400mm×4 根 8700mm×4 根，3300mm×4 根，4200mm×6 根	316m×3.5kg/m=1106kg	镀锌 U 型钢 4200 元 /t	4650 元	
墙板	2900mm×1200mm×10mm×108 块（墙面积 375.8m²）	3.76m³	国产 osb 板 1650 元 /m³	18000 元	
屋面板	177.4m²×15mm	2.66m³			
楼板	295m²×15mm	4.43m³			
瓦	瓦片尺寸 1000mm×333mm	64m²	15 元 /m³	960 元	
保温材料	321m²×50mm	16.1m³	Xps300 元 /m³	4830 元	
塑钢窗	22 个 ×1000mm×1300mm	28.6m²	170 元 /m²	4860 元	
门	18 个 ×900mm×2000mm	32.4m²	240 元 /m²	7780 元	

宅基地面积	总建筑面积	适宜居住人口
90~120m²	80~120m²	3~4
宅基地面积	总建筑面积	适宜居住人口
120~150m²	150~180m²	4~5
宅基地面积	总建筑面积	适宜居住人口
150~180m²	200~250m²	5~6
宅基地面积	总建筑面积	适宜居住人口
200~250m²	> 270m²	6~7 以上

颜色区域为符合的宅基地组合

首层平面图

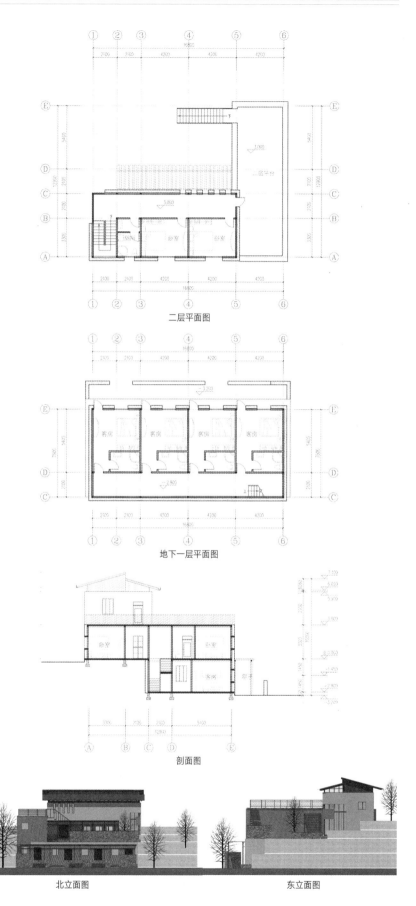

二层平面图

地下一层平面图

剖面图

北立面图　　　　　　东立面图

学校：北京工业大学　　指导老师：陈喆　　设计人员：尤国豪　牟鹏　易天慧　张意鸣

二等奖

【积·木】——装配式木构农房

项目区位与背景

地理位置

设计项目位于湖南省长沙市望城区白箬铺镇胜和村。

胜和村位于白箬铺镇西北部，西与宁乡光山新村接壤，东部紧邻白鸟线，长常高速从东至西贯穿该村，村域内有两纵（荆庄大道、峙半公路）三横（梅子湾路、三邑寺路、新作塘路）五条主干道，地势较平坦，属小丘陵地貌，其中耕地面积2965亩，有43个村民小组，共计954户，3154人。水利条件十分优越：上有乌山水库，下有泉水冲水库（八曲河流域），供水灌溉条件优良，属典型的农业大村。

气候条件

胜和村属于湘中地区，是典型的亚热带季风气候，光照丰富、雨水充沛、空气湿润，加之境内山丘众多、河湖交错，造就了其气候的多样性。总的来说，气候温暖，且四季分明。湘中地区多雨，夏季降雨集中在主汛期4至8月，降雨量超过全年降雨量的60%，易发生洪涝灾害。春夏季节交替时为"梅雨"季节，相对湿度超过80%。总体来说，湘中地区的气候特点为热量富足，光照、雨水充沛，雨热同期，无长霜冻期。

历史背景

长沙市所在的湖南省中部在历史上是湖南开发最早的地区，经济、文化最为发达。因此与湘西的少数民族传统民居相比，长沙市周边民居在使用的材料及规模大小上都与湘西民居有所不同。我们所调研的民居规模较小，平面上大致由正屋和横屋组成。正屋是住宅的主体，一般位于住宅的中轴线上，面朝主要入口，是全家人日常生活中的中心（可就功能进行拓展）。横屋是住宅的另一个组成部分，由住宅中较为次要的房间组成，如厨房、农具储存间等。

民居建成年代

经过实地调研发现，胜和村现存民居建成年代可大致分为20世纪60至80年代、90年代至21世纪初、2000年至今三个建设时期。三个时期房屋特点如下：

20世纪60至80年代

20世纪60至80年代修建的民居主要由黄泥砖砌筑而成，也有建筑使用了红砖，并在表面抹灰。墙与墙之间插入木梁架起阁楼，木制屋架直接搁置在墙上形成屋顶。建筑坐北朝南，以堂屋为中心，布局简单，但流线杂乱，功能较为复杂。

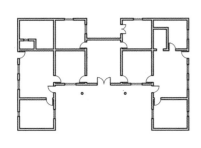

20世纪90年代至21世纪初

20世纪90年代至21世纪初修建的房屋基本上由红砖砌制而成，与上一个时期不同的是表面普遍贴有瓷砖。建筑层数由原来的一层升级成了二～三层。布局基本为长方形简单布置房间，往往在建筑一侧附加杂屋用作厨房和卫生间。

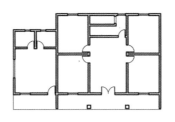

2000年至今

2000年至今修建的民居大多数为钢筋混凝土框架结构，填充红砖砌块，屋架基本为木桁架，少量采用现浇的方式。建筑布局和形式都有较大的改进，但建造仍然采用传统的建造方式，施工周期长，湿作业较多，设备管线更换不便，建筑质量无法保证。

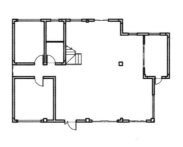

20世纪80年代典型农房

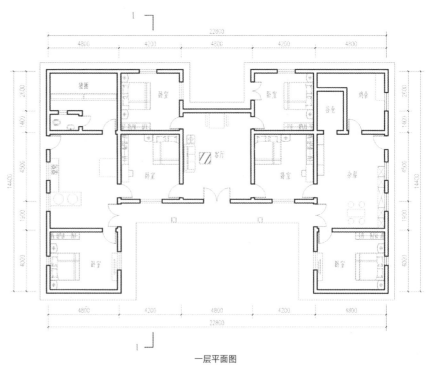

一层平面图

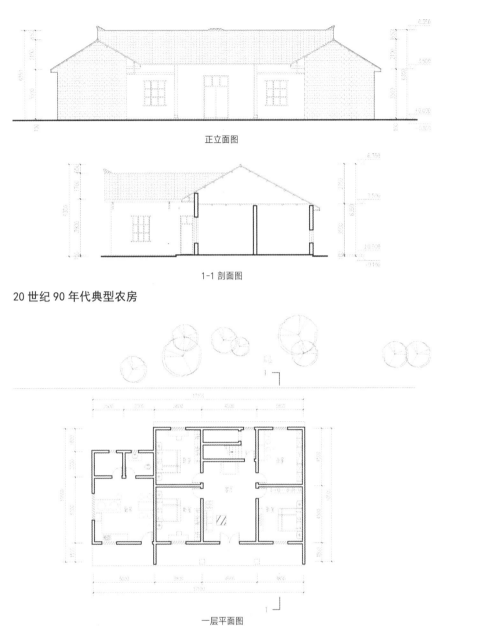

正立面图

1-1 剖面图

20 世纪 90 年代典型农房

一层平面图

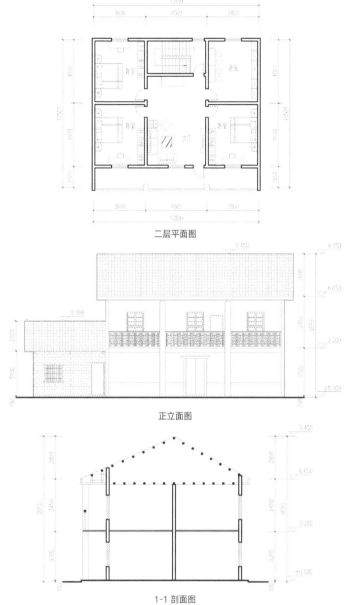

二层平面图

正立面图

1-1 剖面图

调研总结与问题分析

年代	配套设施	能源利用	舒适度	结构形式	厨房	卫生间
20 世纪 60 至 80 年代	农村卫生所和学校的数量十分少，且辐射范围大。集贸市场仅设置在镇上。农村对于垃圾处理基本采用焚烧的方式	燃烧秸秆和木材	南北朝向，建筑面积较小。生活条件艰难，人们对于舒适度的要求并不高	大多数采用土坯房，耐久性差，安全等级低，存在倒塌风险		
20 世纪 90 年代前期	部分村设置有卫生所，学校数量有所增加。出现村民自营小卖部，但垃圾处理仍然采用焚烧的方式	开始用煤，但主要是燃烧秸秆和木材	南北朝向，建筑面积增大，建筑新旧不一，整体混乱，功能布局不合理	土坯房和砖砌体结构均有		

续表

年代	配套设施	能源利用	舒适度	结构形式	厨房	卫生间
20世纪90年代后期	基础设施逐步实现普及，卫生所的数量有所增加。义务教育普及，学校的数量明显增加	煤的使用加大，同时燃烧秸秆和木材	大多南北朝向，双层砖混结构，带外廊。总体质量较差，功能单一，舒适度并不高	大多数为砖混结构	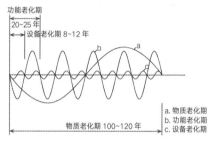	
2000年至今	基础设施逐渐完善，落实到一村一卫生室。农村拥有活动中心、超市和快递点等。村中设有垃圾回收站点，集中得到处理	少量燃烧木材，以煤和液化气的使用为主	框架结构，建筑面积较大，舒适度得到提升，但建筑布局简单，基本为村民自建，极少数有设计师参与	砖混结构较少，大多数为混凝土结构		

20世纪60至80年代民居优缺点

● 土坯墙耐久性差，但墙体厚实，土壤的隔热性能较好，就地取材，材料环保对环境污染较小。

● 坡屋顶瓦屋面，通风隔热效果好，但冬季保温较差。

● 建筑面积小，布局简单，功能杂乱。大多采用旱厕，没有室内卫生间，生活不便。

● 厨房采用柴灶，余热浪费，室内堆柴存在严重的安全隐患。

20世纪90年代至21世纪初民居优缺点

● 建筑基本为砖砌体或砖混结构，需要大量黏土砖，对环境产生严重的破坏。

● 隔热效果差，建筑形式简单。平面功能杂乱，生活不便。

● 砌体受技术、施工水平制约，性能老化，常出现开裂、渗漏等问题，且建造时间长，需要大量人力。

● 建筑全凭工匠经验建造，缺乏灵活性和适应性。

2000年至今民居优缺点

● 建筑大多采用砖混或混凝土框架结构，安全性能加强，建筑面积加大。

● 建筑形式开始有新的变化，但仍然采用传统的建造方式，周期长、湿作业多，质量难以把控。

● 缺乏设计，功能无法适应农村现代生活需求，平面无法根据家庭结构的变化而合理调整。

● 室内设备更换不便，有可能破坏主体结构。

问题分析

不论哪个时代，住宅都存在使用寿命较短的问题，远低于欧美地区百年左右的建筑寿命，也未达到设计使用年限。传统的住宅建设很少考虑住宅全寿命周期的更新和改造，可改造性能差，使住宅品质不能长期维持而被淘汰。

建筑平均寿命统计

建筑物质、功能、设备老化期的关系

设计成果

设计策略

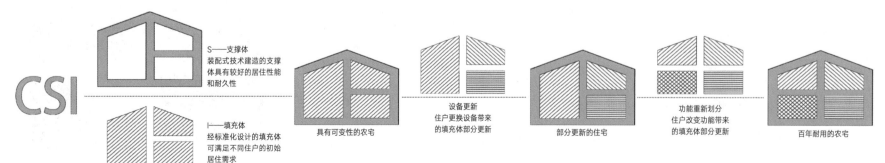

CSI

S——支撑体
装配式技术建造的支撑体具有较好的居住性能和耐久性

I——填充体
经标准化设计的填充体可满足不同住户的初始居住需求

具有可变性的农宅

设备更新
住户更换设备带来的填充体部分更新

部分更新的住宅

功能重新划分
住户改变功能带来的填充体部分更新

百年耐用的农宅

主体结构

- ●传统建造方式质量不易控制，常出现渗漏、开裂等问题，影响寿命。
- ●装配式建造方式构件预制，现场施工难度低，有利于提高施工质量。

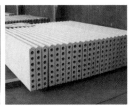

功能空间

- ●传统建造方式功能改造不便，且改造施工易对主体结构产生影响。
- ●装配式建造方式内隔墙灵活可变，拆卸安装方便。

设备管线

- ●传统建造方式管线常与主体结构结合布置，维修更换难度极大。
- ●装配式建造方式可将管线与主体结构分离，避免对主体寿命的限制。

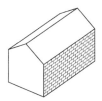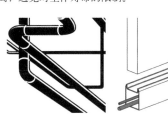

结构解决策略

- ●传统建造多采用砖墙承重，费时费工且质量无法保证。
- ●全部采用工厂预制的形式，在现场进行组装。

设备管线解决策略

- ●农村缺乏对于设备管线的重视，往往无法适应现代生活模式。
- ●集成化管线设计，解决装配式安装及维修问题。

功能解决策略

- ●平面的长期固定导致无法满足家庭成员变化的需求。
- ●建筑平面改扩建灵活，墙体拆卸安装方便。

节能解决策略

- ●农村很少采取节能措施，西向墙体大量吸热，冬冷夏热。
- ●多项措施加大建筑通风隔热性能，提高建筑舒适度。

标准化设计

　　小时候的积木玩具给童年带来了极大的欢乐，简简单单的几个小块便可以拼出无限想象。现如今装配式建筑的崛起仿佛让我们看到了建筑世界里的积木，建筑模块化的构件就好比一块块的拼图。

基本模块　　　　　　特殊模块　　　　　　百变组合

模块尺寸研究

　　通过对人体基本尺度和住宅常见活动所需空间的研究，选定3600mm×3600mm为标准模块的储存，可满足客厅、卧室、书房等空间的布置，标准模块可划分为1500mm×3600mm、1800mm×3600mm、2100mm×3600mm等多个小开间尺寸，满足厨房、卫生间、楼梯等空间的布置。

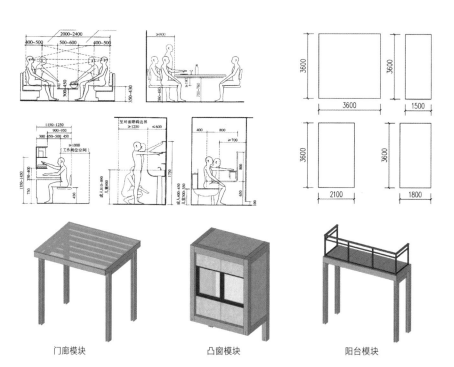

门廊模块　　　　　　凸窗模块　　　　　　阳台模块

基本模块

在标准尺寸中置入功能形成基本模块。

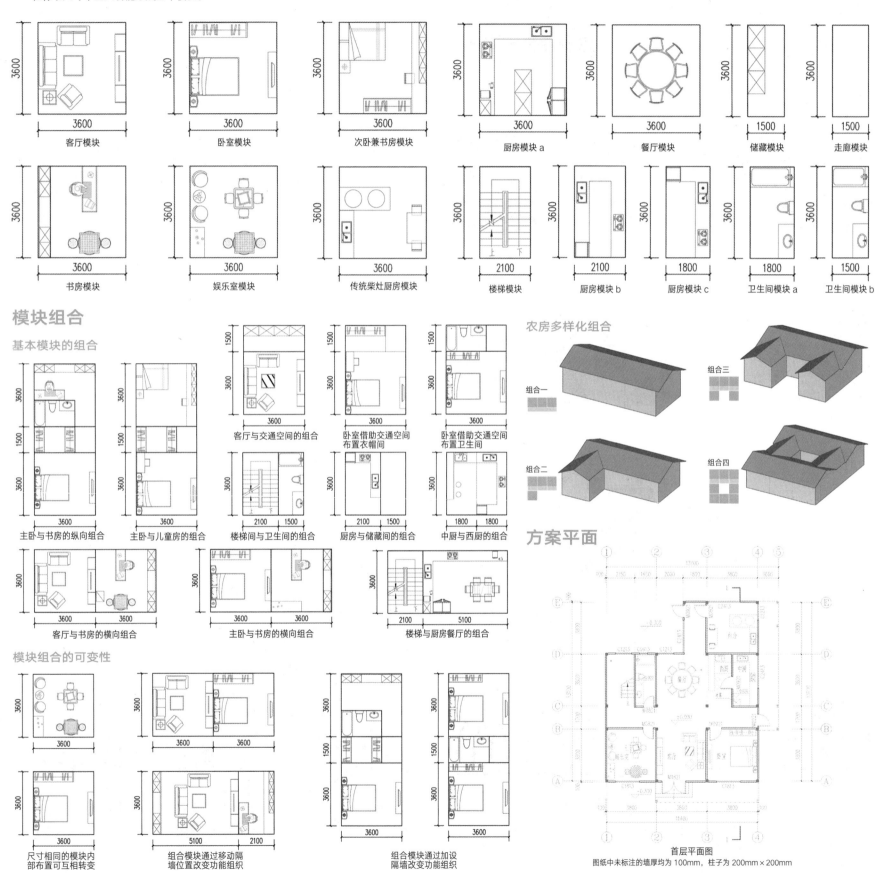

客厅模块　　卧室模块　　次卧兼书房模块　　厨房模块a　　餐厅模块　　储藏模块　　走廊模块

书房模块　　娱乐室模块　　传统柴灶厨房模块　　楼梯模块　　厨房模块b　　厨房模块c　　卫生间模块a　　卫生间模块b

模块组合

基本模块的组合

农房多样化组合

组合一　　组合三　　组合二　　组合四

客厅与交通空间的组合　　卧室借助交通空间布置衣帽间　　卧室借助交通空间布置卫生间

主卧与书房的纵向组合　　主卧与儿童房的组合　　楼梯间与卫生间的组合　　厨房与储藏间的组合　　中厨与西厨的组合

客厅与书房的横向组合　　主卧与书房的横向组合　　楼梯与厨房餐厅的组合

方案平面

模块组合的可变性

尺寸相同的模块内部布置可互相转变　　组合模块通过移动隔墙位置改变功能组织　　组合模块通过加设隔墙改变功能组织

首层平面图
图纸中未标注的墙厚均为100mm，柱子为200mm×200mm

二层平面图

图纸中未标注的墙厚均为100mm，柱子为200mm×200mm

方案剖面

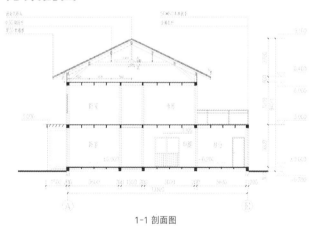

1-1 剖面图

标准化结构骨架

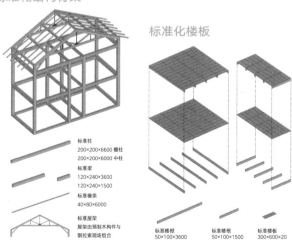

标准化楼板

标准化构件

建筑为木框架结构承重，采用钢节点连接，木梁柱等结构构件可标准化加工。梁柱各有两种标准化构件，椽条均为同种标准化构件。

房间尺寸标准化保证了楼板和墙板的标准化，农房楼板均由两种尺寸的楼栿和一种尺寸的地板装配而成，墙体分为纯墙板、带窗墙板和带门墙板等几种标准形式，利于工厂化生产构件。

标准化墙板

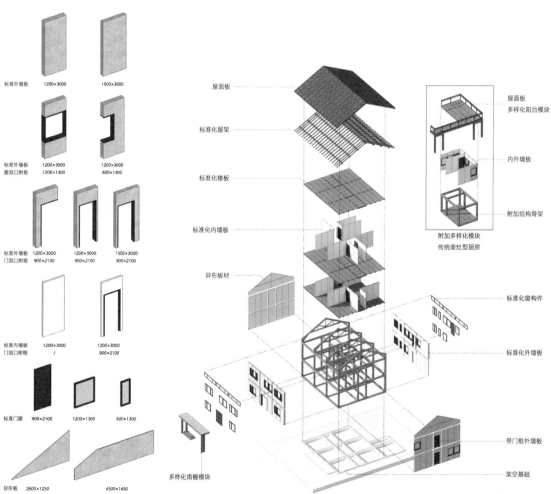

透气窗
方形沥青瓦屋面

封山板
檩条

①~④立面图

A~E 立面图

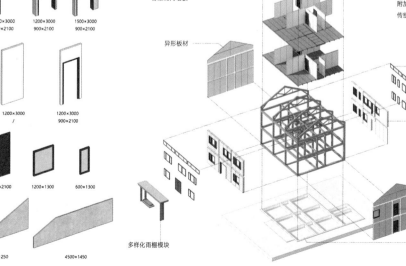

构造节点设计

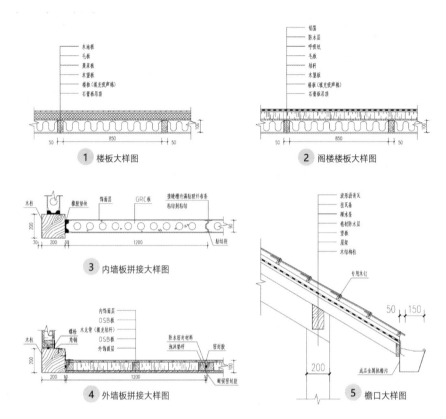

① 楼板大样图

② 阁楼楼板大样图

③ 内墙板拼接大样图

④ 外墙板拼接大样图

⑤ 檐口大样图

屋架设计

● 在柱和屋面梁之间加设斜撑，以缩短桁架的跨度，从而缩短构件尺寸，便于运输。

● 通过对桁架的受力分析，将受拉构件替换成钢拉索，减轻结构自重，降低安装难度。

连接节点

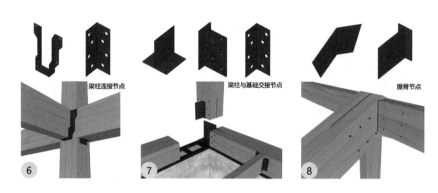

⑥ 梁柱连接节点　　⑦ 梁柱与基础交接节点　　⑧ 屋脊节点

设备管线

　　传统建造方式中，设备管线常与主体结构结合设置，其老化损坏后，更换极为不便，也是装配式建筑需要解决的难点问题之一。

　　针对此问题，考虑将设备管线从支撑体中分离出来，在顶角线和踢脚线中设置可开启卡槽，解决水平走线的问题，结合内隔墙空心GRC条板，可解决竖向管线的问题，使得管线可以灵活布置，并方便后期维修与更换，避免施工对主体结构的影响。

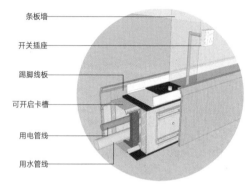

条板墙
开关插座
踢脚线板
可开启卡槽
用电管线
用水管线

集成布线方案

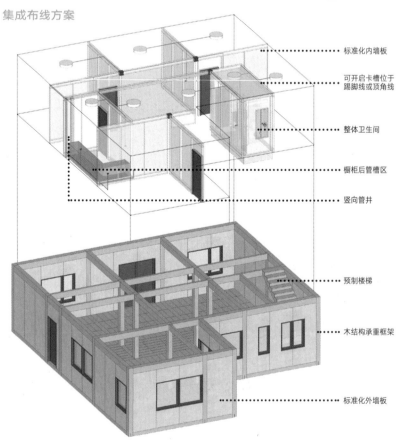

标准化内墙板
可开启卡槽位于踢脚线或顶角线
整体卫生间
橱柜后管槽区
竖向管井
预制楼梯
木结构承重框架
标准化外墙板

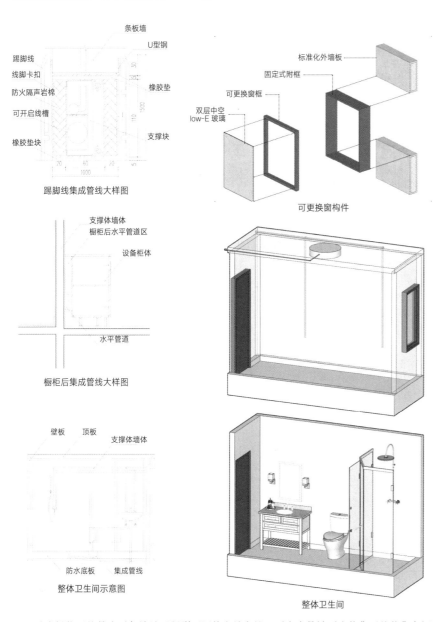

条板墙
U型钢
踢脚线
线脚卡扣
防火隔声岩棉
橡胶垫
可开启线槽
支撑块
橡胶垫块

踢脚线集成管线大样图

标准化外墙板
固定式附框
可更换窗框
双层中空
low-E玻璃

可更换窗构件

支撑体墙体
橱柜后水平管道区
设备柜体

水平管道

橱柜后集成管线大样图

壁板　顶板　支撑体墙体

防水底板　集成管线

整体卫生间示意图

整体卫生间

垂直绿化系统是应对长沙地区强烈西晒的有效方法。雨水先是被雨水收集系统收集在阁楼内的储水罐中，经过简单的沉淀过滤后以滴灌的方式被植物吸收。多余的水分通过设置在种植槽底部的集水槽收集等待进一步利用。在水槽内部设置有液位传感器，控制系统感知液位信息后根据预设的模式控制阀门的开启与关闭，保证整个系统的有效运行。种植槽根据房屋的模块化固定在龙骨上，可根据种植植物的不同更换成不同的样式及大小，还可根据气候的不同种植具有当地特色的农作物，带来一定的经济效益。

雨水收集系统　建筑墙面　支撑龙骨　种植槽　供水供肥系统　水回收系统

绿色建筑

　　厨房余热回收系统工作原理较为简单，通过抽油烟机将烟气收集起来，经过滤油处理之后送往热交换室；热交换室内通过环氧树脂将水和高温烟气隔开，两者之间的热量交换通过连接两个空间的散热器进行。经过处理之后的热水温度最高可达60℃，可满足居民日常生活使用需求。

　　除此之外，农村厨房燃烧的木柴和其他干枯植物也会产生污染气体，使用沼气池和沼气灶在废物利用的同时也能减少这一污染。

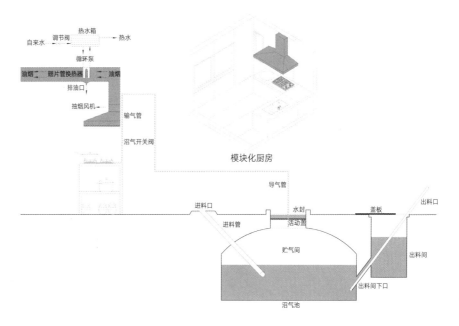

自来水　调节阀　热水箱　热水
循环泵
油烟　翅片管换热器　油烟
排油口
抽油风机　输气管
沼气开关阀

模块化厨房

导气管
进料口　水封　盖板　出料口
进料管　活动盖
贮气间　出料间
出料间下口
沼气池

　　通风隔热设计依靠设置在阁楼两旁的窗完成。夏天阁楼两侧窗户开启，穿堂风将室内热量带走；冬季两侧窗户关闭后，阁楼中的空气间层是良好的保温材料，可以减缓室内热量散失。

夏季对流散热　　　　　　　冬季空气保温

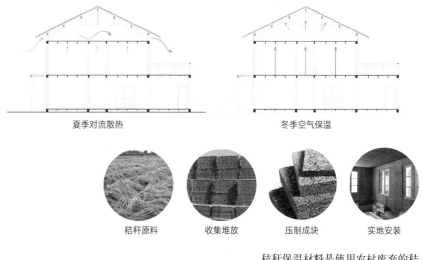

秸秆原料　　收集堆放　　压制成块　　实地安装

　　秸秆保温材料是使用农村废弃的秸秆压制而成。该材料的使用可减少农村焚烧秸秆产生的烟雾，减少雾霾的产生。

学校：湖南大学　　　　指导老师：邓广
设计人员：张可心　龙舟叶　林玉龙　王婧璇

【合·和】——赣中民居设计

概况

建筑基址选择

本次建筑设计地块位于江西省腹心赣中地区井冈山市。井冈山地处湘东赣西边界，罗霄山脉中段。它是由东北到西南走向的高峻山岭组成。境内平均海拔在380m左右，是一个典型的山区市，且有自南向北的赣江穿流过境，其他地形环境山水环绕且多变复杂。因此，形成了较为独特的地区建筑特色。这也是将建筑场地选在这里的原因。

气候特征

该地区属亚热带季风气候，夏热冬冷气候区，四季分明，雨量充沛，年平均气温14.2℃；年平均降雨量1856.3mm，年平均降雨日213天，年平均日照1511h，平均雾日96天。因海拔高度和四面环山的地形影响，具有冬长、夏短、秋早、春晚的特点。

场景鸟瞰图

设计

在当今乡村振兴战略背景下，未来乡村不仅是村民的居住区，也是市民们寻找乡愁的康养之地。"合·和"住宅的概念顺应了市场的发展，市民通过长租/短租的形式与村民合用住宅，一方面市民可以享受农村美景，放松压力，另一方面村民也可以获得租赁费用以带动村落的经济活力，以城带乡，促进农村长远的经济发展。体块关系上以赣中地区传统民居空间特色的转译与重构为基本逻辑，提取赣中民居空间中的特色空间——天井空间，运用图解法对其进行分解，提取天井空间的空间组织逻辑，结合当代乡村地区的需求进行重构，形成以"天井—堂屋"空间为核心空间进行组织架构的设计方案。

平面设计

方案设计采用模块化体系，结合装配式建造方式，遵循开放式建筑原理，使得住宅空间、户型组合具有极大的可变性，以满足不同家庭成员组成结构的使用需求，并根据江西当地宅基地尺寸提供了三种户型选择。

建筑平面运用模块化方法进行设计，先将住宅房间拆解为卧室、堂屋、餐厅、厨房等基本功能模块，再通过模数控制其长宽尺寸和家具尺寸，然后将功能模块在3.6m×3.6m的网格中进行组合，形成合理的平面功能排布。市民住宅部分也采用相同的设计方法。城市平面功能排布主要依据城市住宅的基本要求形成符合大多数城市居民生活需求的户型平面。且考虑避免两种人群生活上的过多干扰，在建筑中设计了两个相对独立的出入口。城市居民与乡村主户之间的动线互不干扰。市民住宅与村民住宅既相互独立又有一定的交流联系，市民住宅与村民住宅通过在每层设置的庭院空间以及露台空间联系起来，并围绕天井庭院设计大量室外平台，为两部分生活相对独立的人群交流活动提供舒适的情感缓冲区。同时通过半开放的城市客厅为两者创造共同娱乐、共享生活的空间。

建筑元素		分析总结	图片示例
门		材质：青石、木质 色彩：木色、青灰色 做法："线窗"内宽外窄	
窗			
天井		形制：四周房屋围合形成"天井"；依附于建筑之外形成了"天井院"	
墙	木格栅	材质：木制、竹材 色彩：木色 做法：饰以祥云、蝙蝠等寓意吉祥的纹样	
	檐墙	材质：砖、木质、青石 色彩：青灰色、木色 做法：檐部做门罩或是内凹成门斗形，高窗饰以木雕纹样，顶部做曲线天花	
	山墙	材质：砖、瓦 色彩：青灰色 形制："观音兜"、马头墙、折线形	
构架形式	主体梁架	材质：木质 色彩：木色 形制：抬梁式、穿斗式、混合式	
	堂屋梁架	做法：堂屋梁架将部分构架抬升或是架空	
屋顶	双坡	材质：瓦、砖 色彩：青灰色 形制：重檐屋顶、单坡顶、双坡顶、庑殿顶	
	单坡		
	重檐	做法：屋面重叠率在1/2以上	

建筑单体透视及街道效果图

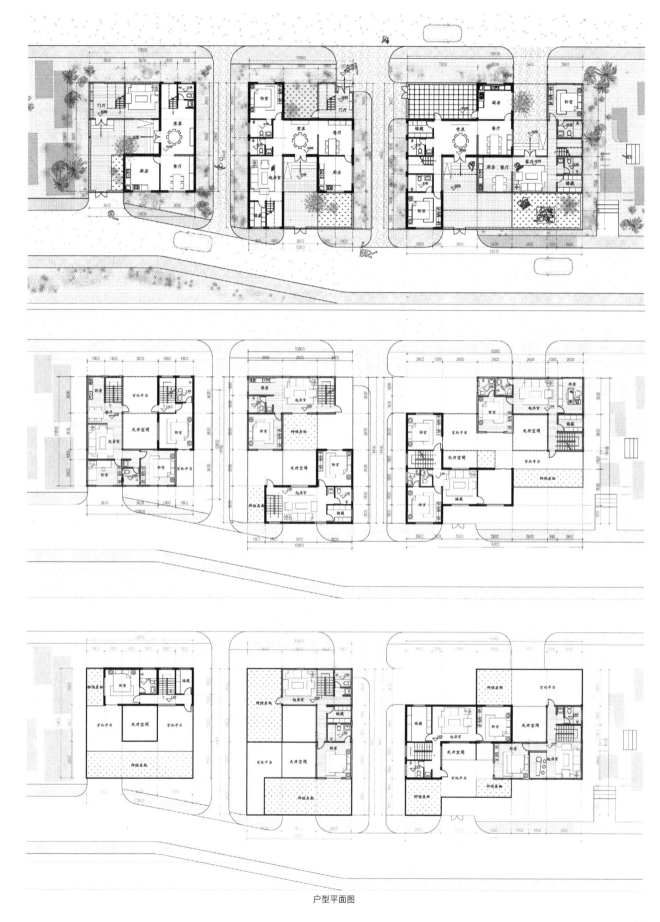

户型平面图

建筑结构爆炸图

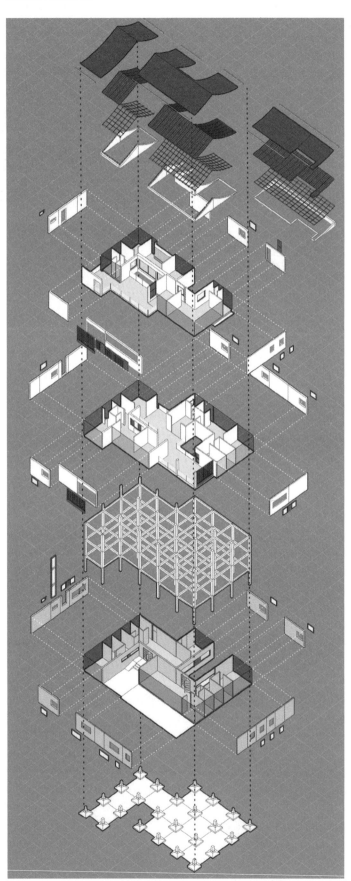

建筑立面图

建筑剖面图

装配式设计

建筑整体采用预制混凝土框架结构体系。因此，建筑基础、墙体、梁柱等构件均采用预制模块化单元。如图所示，建筑外墙面模块种类有七种。通过几种不同模块之间灵活组合形成丰富多变的立面样式。在满足装配式模块数量集约的条件下，尽可能丰富原始基本模块的种类以及建造特色，为装配式建筑立面增添个性与特色。

建筑屋顶则是由预制钢梁与轻钢材料的椽子组合形成。通过小尺寸的钢构件逐步搭接成传统坡屋顶的屋顶曲线样式。在一定程度上沿袭了传统民居的坡屋顶意象。

建筑基础采用预制独立基础，建筑上部的承重柱直接通过基础顶部的接口进行连接，形成稳定的传力体系。

建筑装配式构件类别

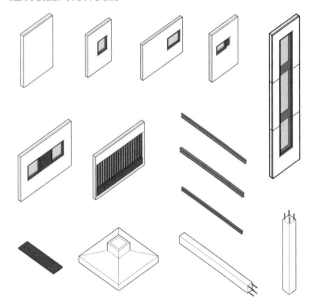

模块化设计

通过将传统建筑的空间组织形式进行分析，提取其空间要素关系，并运用到建筑设计中。为适应装配式建造方式，设计开始前，将住宅功能进行模块化处理，从而为建筑的整体模块化设计提供模块库。同时，将庭院空间作为传统建筑中特殊的组成部分也对其进行模块化处理。

传统空间组织分析　　　　　空间关系提取转译　　　　　模块化单元

调研样本	文家村代表民居	太湖村代表民居	爵誉村代表民居
模型复建			
平面类型			
元素提取			
路径分析			
实景照片			
剖面视线			
模块演示			

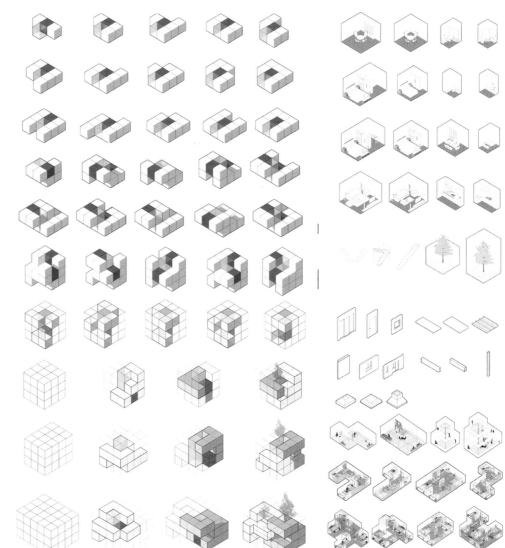

学校：天津大学　　指导老师：王志刚　　设计人员：王亚萍　李泖锟　王梓宇

【花·谷】——彝乡新居面向未来的建造

设计说明

项目基地位于楚雄，属多民族融合地区，由于城市化的发展，当地新建筑已变得千篇一律，更多的是钢筋混凝土的生冷感与陌生感。反观乡村之中一些虽有些残破但极具当地特色的木楞房、土掌房、闪片房等，扎根于这片土地，给人以温暖亲切之感。

根据调研得出乡村的普遍问题是缺乏公共的交流空间和道路环境的沙土化，绿植较少，加之现有住房已无法提供现代的居住需求，所以对于彝族新居的设计应在延续当地特色的同时满足现代的审美与使用功能。本方案在传统土掌房基础上结合新的建筑形式，力求达到既满足居民的日常需求，又能较好地体现当地特色的要求。

本方案在民居设计中引入花房设计，与主入口相邻。可以种植花卉，增加居民产业收入，还可以成为居民聚会的场所，在观赏植物的同时休憩、交流。

为提升抗震性能，项目合理配置土料中黏土、砂子、纤维的比例，加入极少量水泥，大幅度提高墙体的强度和整体性。

前期调研

区位与选址

区位分析

云南楚雄 方案选址于云南省楚雄彝族自治州大石碑村。楚雄彝族自治州地处滇中高原，是云南省的地理中心，也是面向南亚东南亚辐射中心的重要枢纽。悠久的历史孕育了彝州多彩灿烂的民族历史文化，山高谷深、丘陵平坝的地貌塑造了"九分山水一分坝"的自然山水格局。

大石碑村 位于楚雄出入口，区位优势明显。年平均气温22℃，适合种植水稻等农作物。村内主要产业为种植业，该村目前正在发展花卉特色产业。

基地现状 西高东低，最高点位于村庄中南部山顶部，最低点位于南侧河道区域，最大落差约30m，地形起伏较大，现状用地主要延缓坡地分布，植被较好，东侧及南部地势平坦；而西侧部分为山体，适合发展林地景观及特色果蔬、花卉种植。

村庄概况

人口：全村辖1个村民小组，农户74户，乡村人口310人，其中农业人口310人。

用地：村域1.78km²，有耕地162.80亩，其中人均耕地0.68亩；有林地2500.00亩。

收入：2014年全村经济总收入294.30万元，农民人均纯收入8348.00元。农民收入主要以第二、第三产业为主。

居住：大石碑村坐落于缓坡山地之上，现该自然村居民住房以土木结构为主，目前已有15户居住砖（木）混合结构房屋，居住于土木结构住房的农户45户。

产业：主要产业为种植业，该村目前正在发展花卉特色产业，计划大力发展种植业。

调查统计

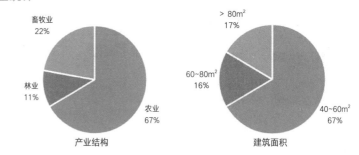

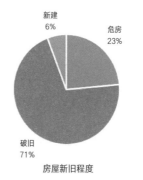

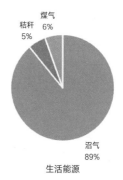

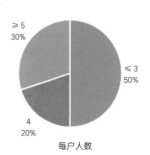

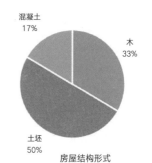

彝族传统民居分析

民居现状

提出问题：如何应用土作为建筑材料？

　　土掌房是典型的楚雄彝族民居建筑。在方案中选用土作为建筑材料，既克服传统"土建筑"的不坚固、造型单一的缺点，又汲取其保温防晒的优点，是我们要解决的主要问题。

提出问题：如何应用坡顶形式？

　　大石碑村内民居现状多为坡顶建筑。为与大石碑村内建筑现状相协调，民居户型方案也以坡屋顶为特色。方案中使用桁架将坡屋顶架在夯土墙上，解决了传统民居采光不足的问题。

提出问题：如何创造居民聚会交流空间？

　　大石碑村内主要公共活动场所是居委会，村内公共空间狭小，几乎无供村民茶余饭后闲聊的场所。因此，在整体规划和户型设计中均设计有公共空间，供居民聚会交流。

传统民居户型平面

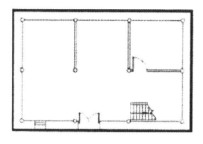

"一"形—— 一间正房

　　一间正房：彝族地区最基本的民居形式。建筑平面一般为三开间，一进身或两进身，一层正中部分为堂屋，兼餐厅，堂屋左侧或右侧设为厨房，另一侧为邸室和楼梯间。二层主要用来储存和晾晒农作物等。这种户型功能单一，适合人口结构单一且人口数少的家庭。

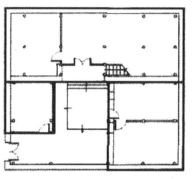

"C"形—— 一间正房 + 两侧耳房

　　一正房 + 两侧耳房：在一正房的基础上在两侧加建耳房，且入户口在南面，适合人口众多的家庭。也可入户口在东（西）侧，形成合院式，具有内向性。

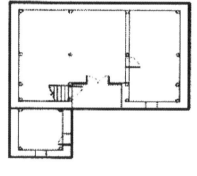

"L"形—— 一间正房 + 一侧耳房

　　一正房 + 一侧耳房：是在一个正房的基础上加一侧耳房，在左侧或右侧加一耳房呈"L"形，在正房同方向加一耳房呈"二"字形功能用房增加，通过设置更多的辅助功能空间来满足自身需求。

夯土材料分析

墙体色彩与质地

节能复合墙

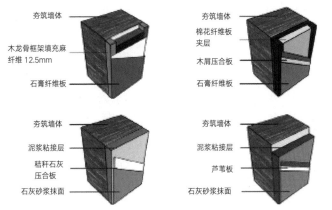

夯土配级原理

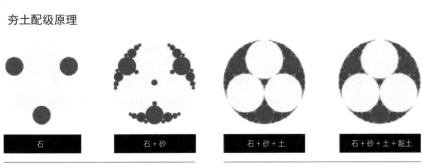

混凝土	生土"混凝土"
石＋砂＋水泥	石＋砂＋黏土

　　为提升抗震性能，合理配置土料中黏土、砂子、纤维的比例，加入极少量水泥，大幅度提高墙体的强度和整体性。墙体中加入竖向钢筋和横向混凝土圈梁，提升结构的整体性，防止竖向裂缝。混凝土圈梁被隐藏在土墙内侧以获得完整的立面效果。同时，项目采用了高性能且操作简单的建筑材料和夯土模板、机械。

模板使用流程

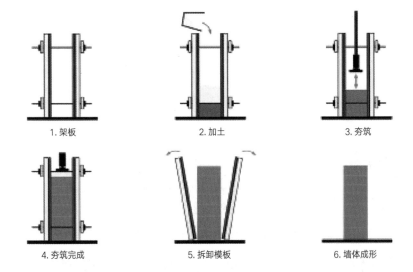

装配式轻钢结构与夯土结合

实际案例

　　村落有自己的脉络，是自然生发的，作为都市人应该尊重农村原有的肌理，不应该破坏它。云庐酒店、陈家铺山地酒店都很好地诠释了这句话。

云庐酒店

陈家铺山地酒店

施工安装过程

优劣互补

为什么选择装配式轻钢结构与夯土结合？

　　1. 在当地调研发现，由于传统和历史原因，大石碑村中依然存在很多的土坯房或者木制瓦房。这种房间的优势在于造价相对低廉，材料方便获取。但避免不了会出现室内阴暗、开间进深小、抗震强度低等问题。

　　2. 在村子周边的一些沿公路的村子，大部分建起来了钢筋混凝土的多层住宅或别墅，但由于没有统一规划和设计，所以对于当地建筑的语言保留不足，甚至出现西式中式结合出的略显不符合当地建筑语言的建筑。

　　故根据以上两点，采用装配式轻钢结构与夯土结合的方式，既保留了当地的建筑语言，有着文脉的传承以及建筑技艺的保留与创新，又解决了结构稳固、抗震、开间进深的一系列问题。不只在新建筑的建造上，装配式轻钢结构对于当地的老夯土房的改造更新也有着很大的作用，这样新旧结合不仅节省资源、更加经济，还可以保留村民对建筑的记忆。

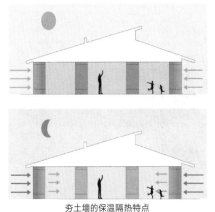
夯土墙的保温隔热特点

装配式轻钢结构适用于民居别墅

楚雄彝乡产业分析

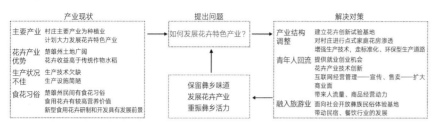

花房设计策略

花房位置

在民居设计中引入花房设计。花房布置在户型 2、3、4 的南侧，与主入口相邻。

花房功能

1. 种植花卉，增加居民产业收入。
2. 居民聚会的场所，在观赏植物的同时可以休憩、交流。
3. 发展为大石碑村的旅游特色，带动该村旅游业发展。

集体温室大棚

集体温室大棚，建议收集处理雨水和生活用水，可用太阳能电池板为循环系统供电。

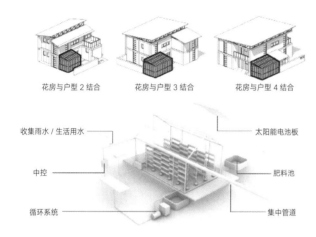

花房与户型 2 结合　　花房与户型 3 结合　　花房与户型 4 结合

玫瑰花产业

　　云南省农科院食品研究所研制的玫瑰系列"墨红"，单产 200~500kg，种植管理好的可达到 700kg，亩产值为 1400~4900 元，有较好的生态、经济和社会效益。

　　食用玫瑰具有适应性强、分枝多、易盛花、花期长、对肥要求较高、不易扦插繁殖的特点。而且较喜光，光照充足，植株生长旺盛，花朵大，色鲜艳。

方案设计

村庄规划总平面

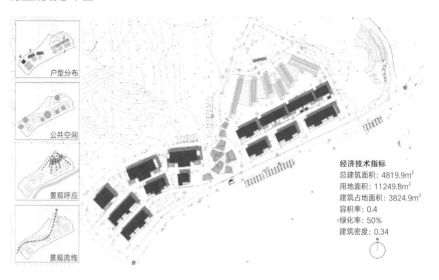

户型分布

公共空间

景观呼应

景观流线

经济技术指标
总建筑面积：4819.9m²
用地面积：11249.8m²
建筑占地面积：3824.9m²
容积率：0.4
绿化率：50%
建筑密度：0.34

方案一

经济技术指标
宅基地面积：145.2m²
总建筑面积：175.9m²
首层建筑面积：103m²
二层建筑面积：76.5m²

总平面图

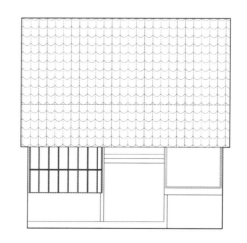

效果图展示

适用人群及功能设计

方案1：适用于青年夫妻和2名子女。儿童卧室与父母卧室紧密联系在一起，客厅是一家人交流的空间。

青年夫妻　　2名子女

儿童卧室——主卧——辅助——客厅

方案2：适用于老年人和中年夫妻（年轻人外出）。中年人承担照顾老人和生产生活的责任。主卧与老人卧室、客厅联系。

老年人　　中年夫妻

老人卧室——主卧——辅助——客厅

方案3：适用于子孙三代人同居。中青年人承担照顾老人和儿童的责任，故主卧与儿童卧室、老人卧室、客厅相联系。

老年人　　中青年人　　儿童

老人卧室——儿童卧室——主卧——辅助——客厅

平面演化分析

传统彝族"C"形民居平面

增加特色空间——花房

增加庭院空间

客厅居中，继承传统空间形式

老人卧室设置在一层，方便使用

卫生间临近卧室、客厅，方便使用

户型组合

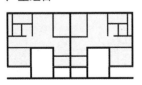

首层平面图

二层平面图

储藏　客厅　老人卧室　餐厅　上　下　厨房　花房　室外庭院

±0.000　-0.450

储藏　主卧　儿童卧室　下　屋顶平台

3.000

11800　900　3600　3900　3400
2000　2200　2200　3300　2000
4500　3900　3400　11800
11700　4200　3400　2100　2000

南立面图　　　　　　西立面图

7.200　6.000　5.150　3.000　±0.000　-0.450

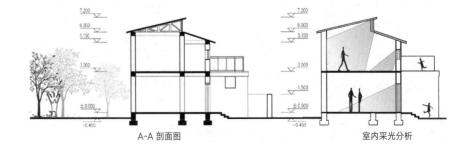

A-A剖面图　　　　　室内采光分析

方案二

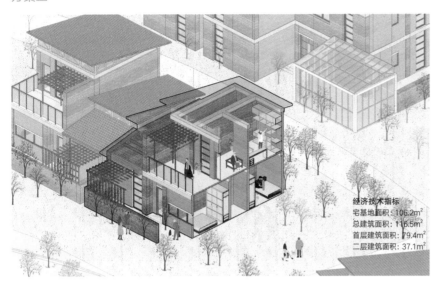

经济技术指标
宅基地面积：106.2m²
总建筑面积：116.5m²
首层建筑面积：79.4m²
二层建筑面积：37.1m²

方案 2： 适用于老年人和留守儿童（中青年人外出打工）。儿童卧室与老人卧室紧密联系在一起，老人承担照顾孩子责任。

老年人　　留守儿童

方案 3： 适用于孤寡老人和游客。游客卧室和老人卧室分别联系客厅，客厅成为他们的共享空间。

老年人　　游客

平面演化分析

传统彝族"一"形民居平面演化　｜　形成主入口空间　｜　入口结合庭院设计　｜　客厅与餐厅结合形成流动空间　｜　主卧朝南，有较好采光　｜　卫生间临近卧室、客厅，方便使用

总平面图

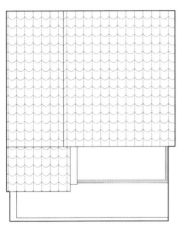

户型组合

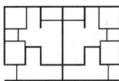

效果图展示

适用人群及功能设计

方案 1： 户型 1 适用于青年夫妻和 1~2 名子女。儿童卧室与父母卧室紧密联系在一起，客厅是一家人交流的空间。

青年夫妻　　1~2 名子女

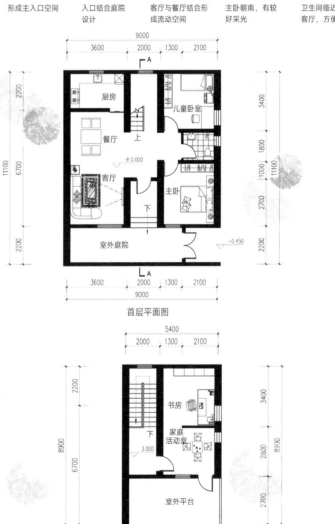

首层平面图

二层平面图

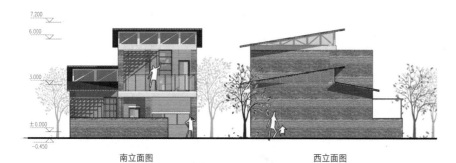

南立面图　　　　　　　　　　　西立面图

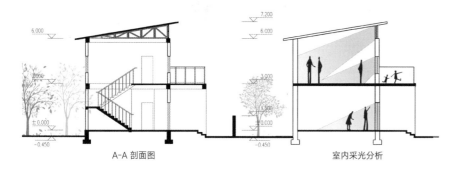

A-A 剖面图　　　　　　　　　室内采光分析

方案三

经济技术指标
宅基地面积：170.8m²
总建筑面积：241.7m²
首层建筑面积：138.2m²
二层建筑面积：103.5m²

总平面图

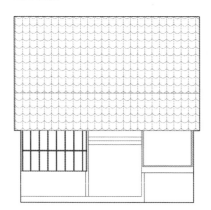

户型组合

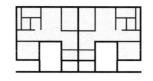

效果图展示

适用人群及功能设计

方案1：适用于子孙三代人同居。中青年夫妻承担照顾老人和儿童的责任，故主卧与儿童卧室、老人卧室、客厅相联系。

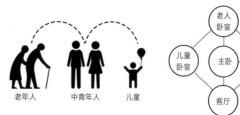

老年人　中青年人　儿童

方案2：适用于老年人群体居住。多个老年人家庭一起居住，客厅联系多个卧室，大家聚集在客厅交流。

老年人群体

方案3：适用于多个家庭的中青年人旅客居住。客厅连接每个家庭的卧室，大家在客厅聚会和交流。

中青年旅客

平面演化分析

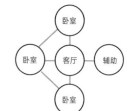

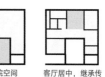

传统彝族"C"　增加特色空间——　增加庭院空间　客厅居中，继承传　老人卧室设置在一　卫生间临近卧室、
形民居平面　　花房　　　　　　　　　　　　统空间形式　　　层，方便使用　　　客厅，方便使用

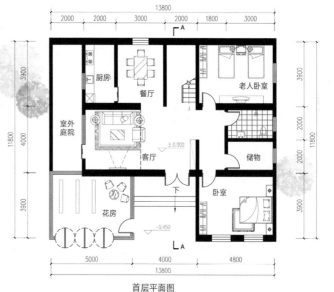

首层平面图

二层平面图

南立面图　　　　　西立面图

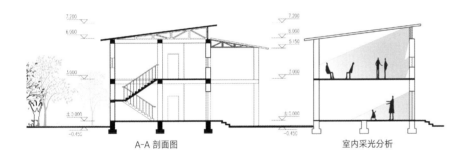

A-A 剖面图　　　　室内采光分析

方案四

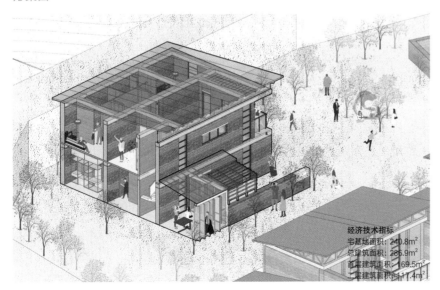

经济技术指标
宅基地面积：240.8m²
总建筑面积：286.9m²
首层建筑面积：169.5m²
二层建筑面积：117.4m²

总平面图

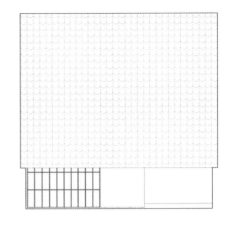

户型组合

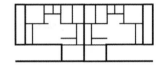

效果图展示

适用人群及功能设计

　　方案1：适用于子孙三代人同居。中青年夫妻承担照顾老人和儿童的责任，主卧与儿童卧室、老人卧室、客厅联系。

老年人　　中年夫妻　　儿童

　　方案2：适用于老年人群体居住。多个老年人家庭一起居住，客厅联系多个卧室，大家聚集在客厅交流。

老年人群体

　　方案3：适用于多个家庭的中青年旅客居住。客厅连接每个家庭的卧室，大家在客厅聚会和交流。

 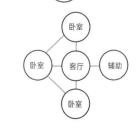

多个家庭的旅客

平面演化分析

 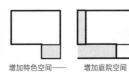

传统彝族"L"　增加特色空间——　增加庭院空间　增加室外灰色空　客厅南向布置，采　卫生间临近卧室、
形民居平面　　花房　　　　　　　　　　　　间——休憩交流　光充足　　　　　客厅，方便使用

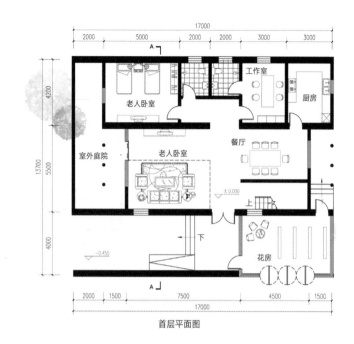

首层平面图

二层平面图

南立面图　　　　西立面图

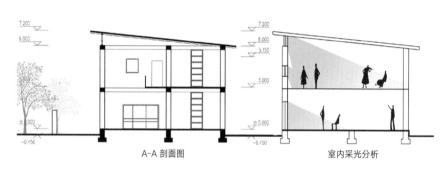

A-A 剖面图　　　　室内采光分析

建筑技术

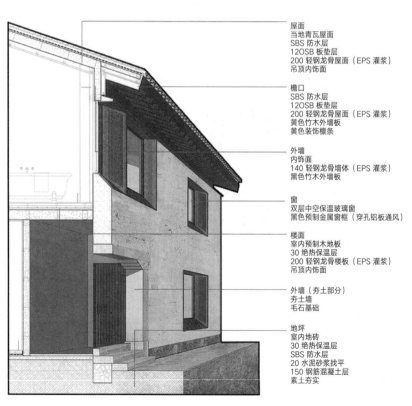

屋面
当地青瓦屋面
SBS 防水层
12OSB 板垫层
200 轻钢龙骨屋面（EPS 灌浆）
吊顶内饰面

檐口
SBS 防水层
12OSB 板垫层
200 轻钢龙骨屋面（EPS 灌浆）
黄色竹木外墙板
黄色装饰檩条

外墙
内饰面
140 轻钢龙骨墙体（EPS 灌浆）
黑色竹木外墙板

窗
双层中空保温玻璃窗
黑色预制金属窗框（穿孔铝板通风）

楼面
室内预制木地板
30 热热保温层
200 轻钢龙骨楼板（EPS 灌浆）
吊顶内饰面

外墙（夯土部分）
夯土墙
毛石基础

地坪
室内地砖
30 绝热保温层
SBS 防水层
20 水泥砂浆找平
150 钢筋混凝土层
素土夯实

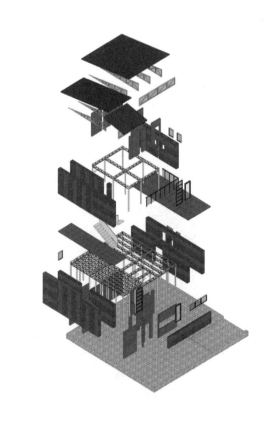

学校：北京工业大学　　指导老师：杨昌鸣　　设计人员：马千里　张斯朗　卞晓帆

三等奖

【乡间"芽"居】——生于斯，长于斯

现状分析

区位分析

村庄　学校　零售　路网
工厂　耕地　河流　基地

当地居民人口结构分布与需求

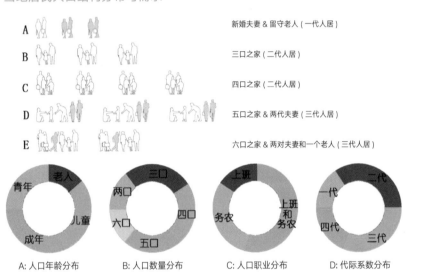

A   新婚夫妻 & 留守老人（一代人居）

B   三口之家（二代人居）

C   四口之家（二代人居）

D   五口之家 & 两代夫妻（三代人居）

E   六口之家 & 两对夫妻和一个老人（三代人居）

A: 人口年龄分布　　B: 人口数量分布　　C: 人口职业分布　　D: 代际系数分布

区域特点分析

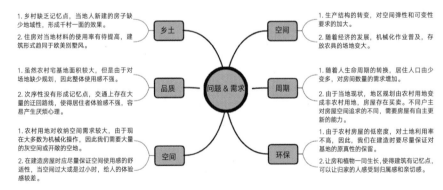

问题 & 需求

乡土
1. 乡村缺乏记忆点，当地人新建的房子缺少地域性，形成千村一面的效果。
2. 住房对当地材料的使用率有待提高，建筑形式趋同于欧美别墅风。

品质
1. 虽然农村宅基地面积较大，但是由于对场地缺少规划，因此整体使用感不强。
2. 次序性没有形成记忆点，交通上存在大量的迂回路线，使得居住者体验感不强，容易产生厌烦心理。

空间
1. 农村用地对收纳空间需求较大，由于现在大多数为机械化操作，因此我们需要大量的灰空间或者开敞的场地。
2. 在建造房屋时应尽量保证空间使用感的舒适性，当空间过大或是过小时，给人的体验感较差。

空间
1. 生产结构的转变，对空间弹性和可变性要求的加大。
2. 随着经济的发展，机械化作业普及，存放农具的场地变大。

周期
1. 随着人生命周期的转换，居住人口由少变多，对房间数量的需求增加。
2. 由于当地现状，地区规划由农村用地变成非农用地，房屋存在买卖。不同户主对房屋空间追求的不同，需要房屋有自主更新的能力。

环保
1. 由于农村房屋的低密度，对土地利用率不高，因此，我们在建造时要尽量保证对基地的原真性的保留。
2. 让房和植物一同生长，使得建筑有记忆点，可以让归家的人感受到归属感和亲切感。

区域现状分析

地理位置

设计项目位于湖北省孝感市孝南区杨店卓尔小镇桃园村。

孝感市因董永和七仙女的故事而闻名，是直属于湖北省的市区，因离武汉近而被称为武汉的卫星城市，交通便利，环境优美，再加上周边民居保留完整，因此吸引了大量的投资。

杨店是孝感的一个地级县，隶属于湖北省孝感市孝南区，处于孝感市与武汉市接壤的东部边陲。该地种植了大量的桃花树，所以一到春天就有成千上万的游人涌入该区观赏。

桃花驿特色小镇，是卓尔集团与当地政府一起依托当地特色而建村庄。小镇周边有耕地、学校、工厂等特色旅游区建筑，是一个特别有代表性的乡村聚居区域。依托桃花驿与桃花文化，开发桃花酒、桃胶、桃花杯、桃花茶器、酒器、瓷器、物器等集合生活美学、艺术观赏、实用于一体的文创产品。

自然条件

孝感地貌自南向北为平原、丘陵、山区，气候兼有南北之优，土地肥沃，是重要的粮、棉、油生产基地。气候温和，冬冷夏热，春秋季短。

当地农房现状

1. 一代 / 二代聚居模式：

材料：青砖和瓦片作为外围护材料。
结构：横、纵墙承重，屋顶抬梁式。
人群：一般为留守老人和留守儿童。
占比：一般不到 30%。

2. 二代 / 三代聚居模式：

材料：青砖和瓦片作为外围护材料。
结构：二层的一般为新建的房屋，采用的是钢筋混凝土。
人群：一般居住核心户和主干户。
占比：一般不到 50%。

3. 二代 / 三代聚居模式：

材料：青砖和石灰作为外围护材料。
结构：新建的房子采用石灰和砖墙。
人群：一般居住为 2 代到 3 代人一起。
占比：一般在 50% 左右。

4. 改良后的建筑居住户型：

材料：预制板材作为建筑围护材料。
结构：新型轻钢框架结构为承重体。
优点：回收利用率高，建造周期快。

新建建筑采用的材料

维护材料列举：

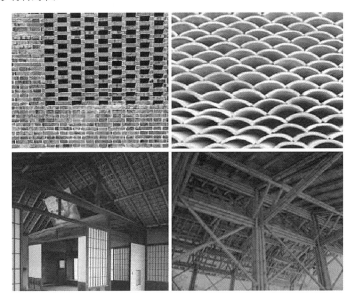

成果篇

效果图

策略篇

概念设计

总图

结构节点

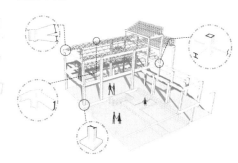

建筑与自然交融·拆分——聚居围合
拒绝大体量建筑，而将其拆分，形成环抱式建筑形体，既拥抱了自然，又增加了人们对建筑的使用率

建筑与建筑交融·挖角——形成内院
挖出一角，形成院落空间，既引入自然元素，又使大体量建筑化整为零

建筑与空间交融·叠合——形成灰空间
底层架空，解放构架，使前院和后院之间相互贯通，自由添置功能盒子，让建筑与建筑之间相互呼应并且形成对景。

建筑与古典元素融合·加建——剖屋顶
设计提取村落的代表元素，加瓦面、剖屋顶等，加入到新建筑中，让老建筑的肌理得以延续

建筑与古典元素融合·变形——模数化
以3000为模数开间，然后统一模数体块，根据房主要求（并且满足未来住宅的改变）加减住房，并且可以变作他用。

1—1号楼生长演变

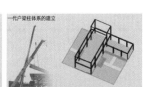
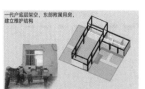

装配式基本模数

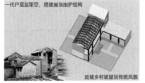

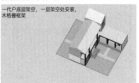

1—1 号楼平面图

一代＆二代住宅平面图

1—2 号楼平面图

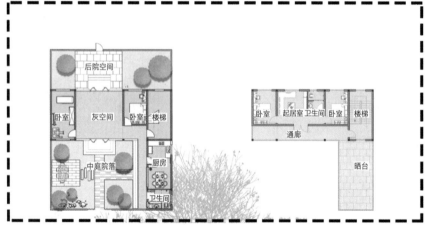

二代＆三代住宅平面图

2—2 号楼平面图

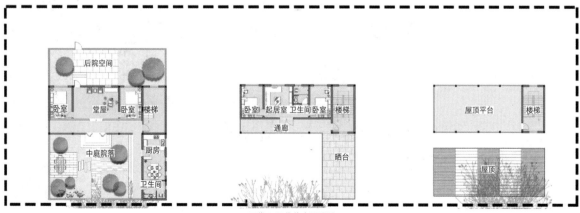

三代＆四代住宅平面图

2—3 号楼爆炸分析

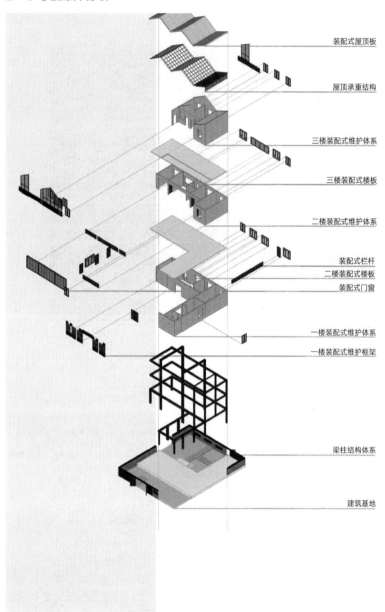

装配式屋顶板

屋顶承重结构

三楼装配式维护体系

三楼装配式楼板

二楼装配式维护体系

装配式栏杆

二楼装配式楼板

装配式门窗

一楼装配式维护体系

一楼装配式维护框架

梁柱结构体系

建筑基地

立面图

1-1 南立面　　　　　1-2 南立面　　　　　2-1 南立面　　　　　2-2 南立面　　　　　2-3 南立面

装配式说明

本项目工业化设计目标

1. 本项目为装配式混凝土框架结构建筑。

2. 实现装配式标准化、模块化，尽量减少构件种类。

3. 构配件生产工厂化，现场施工机械化，组织管理科学化。

4. 在标准化设计的基础上，充分发掘生产和施工工艺特点，满足立面多样性和创新性的要求。

5. 项目预制装配率根据具体规划及设计条件确定。

国家现行标准规范

《装配式混凝土建筑技术标准》GB/T 51231—2016

《装配式建筑评价标准》GB/T 51129—2017

《建筑设计防火规范》GB 50016—2014

《房屋建筑制图统一标准》GB/T 50001—2017

《无障碍设计规范》GB 50763—2012

《屋面工程技术规范》GB 50345—2012

技术策划

通过研究建设方提供的任务书及策划报告、产业和设计目标、远期发展目标，综合考虑了设计需求、构件生产、施工安装、信息管理、绿色建筑等多个要素的协调关系。

1. 本项目内墙采用装配式轻质复合节能墙板；

2. 本项目楼板采用预制叠合板及现浇混凝土板；

3. 采用装配式土建设计及设备设计协同，建筑、结构施工图及水、电、暖施工图作为后续装配式深化详图设计的依据。

学校：合肥工业大学　　　指导老师：王旭　徐伟　　　设计人员：曾国藩　唐意贤　周轩　陈校帝

【低技装配，窑居新生】——河南省丰登市周山村

调研成果

农村房屋现状及绿色产业化发展研究调查表

调研地址	郑州市　登封市县（区）　大冶镇乡（镇）　周山村村（屯）																				
农房区域位置简介	□行政村　■自然村　□零散住户　□牧区牧民																				
该区域生活配套设施	■卫生所　□学校　□集贸市场　□大、中型企业　□超市　□垃圾处理站　■其他（文体活动中心）																				

序号及户名	生产、生活方式调查				安全性及抗震情况调查			建筑基本情况调查											可再生能源利用情况调查		
	生活状态	收入来源	人口个数	优势产业	现有房屋安全等级	该地区是否处于地震断裂带	该地区有无山体滑坡、泥石流等自然灾害隐患	有无抗震设计	建筑面积(m²)	建造年代	是否为自建房屋	有无组织采暖形式	结构形式	生活能源类型及来源	供水方式	有无排污方式	有无居民用电	所处能耗水平	是否为再生能源富集地区	是否存在优势能源	是否存在工业及可利用余热资源
	■贫穷 □一般 □富裕	□农业 □畜牧 □林业	1885	米醋制作、手工刺绣	□A级 ■B级 □C级 □D级	□是 ■否	□有 ■无	■有 □无	□<40 □40~60 □60~80 □80~100 ■>100	□50s □60s □70s □80s ■90s	■是 □否	□有 ■无	□木 ■土坯 □砌体 □混凝土 □钢 □毡房 □其他	□燃煤 ■秸秆 □沼气 ■其他	■自备井 □自来水 □外出运水	□有 ■无	■有 □无	中等	□是 ■否	□是 ■否	□是 ■否

垃圾处理	垃圾处理方式及总量：□随意丢弃　■中转处理　□掩埋　□焚烧　□堆肥　总量：＿4＿t 垃圾主要类型及比例：■生活垃圾＿＿＿%　□秸秆＿＿＿%　□建筑垃圾＿＿＿%　□废品、废物＿＿＿%　□动物粪便＿＿＿%
厕所类型	□自有旱厕　□室内厕所　■公共旱厕　□公共排水　□无
备注	

调研人：郭杰宏、刘姝岑　　　　　　　　　　调研时间：2018.10　　　　　　　　　　编号：

当地典型住宅一

航拍拼贴图　　　　　　　　　　　　　　　　　　　　　　周山村总平面图

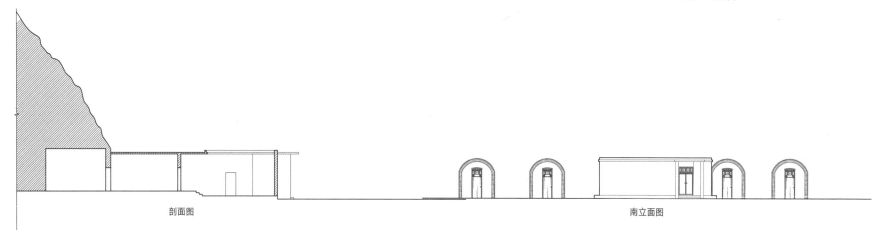

剖面图　　　　　　　　　　　　　　　　南立面图

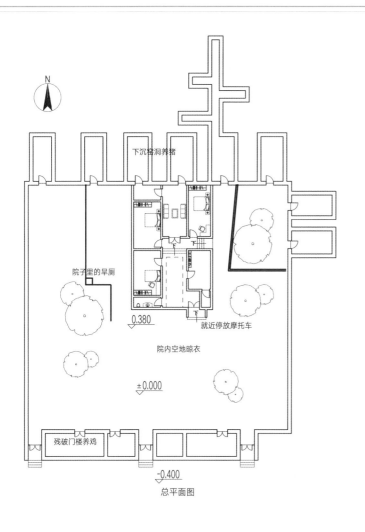

总平面图

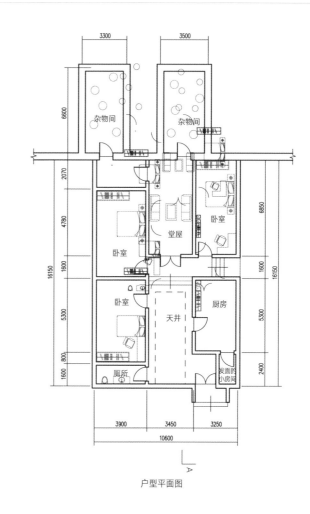

户型平面图

当地典型住宅二

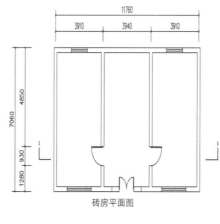

砖房平面图

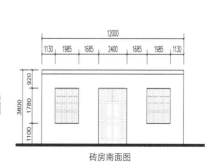

砖房南面图

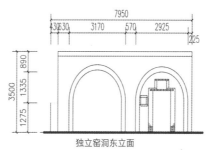

独立窑洞东立面

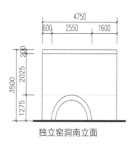

独立窑洞南立面

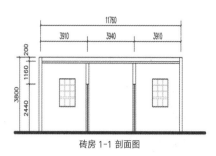

砖房 1-1 剖面图

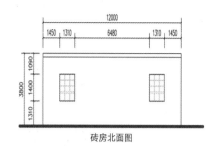

砖房北面图

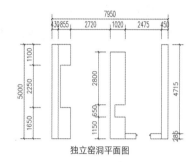

独立窑洞平面图

现状分析

区位分析：交通通达性低

基地位于河南省丰登市大冶镇周山村，当地村民种田以自给自足为主，文化程度不高，整体收入较低，大量青壮年外出务工，周山村发展出现人口老龄化（空巢老人）与幼龄化（留守儿童），活力不足。大量的空巢老人与留守儿童将有一个怎样的未来？

文化特色：窑洞、米醋加工、手工刺绣

村民职业情况　　村民个人年收入情况　　村民文化程度

周山村历年人均纯收入

窑洞是当地的特色建筑，早年间以靠山建窑为主，随着条件改善，村民们开始在平地上人工砌筑独立窑。同时，当地还保留家庭规模的米醋制作和妇女手工刺绣的产业。

窑洞　惠山窑　农作　养殖　米醋制作

方案设计

现状分析

居住状况

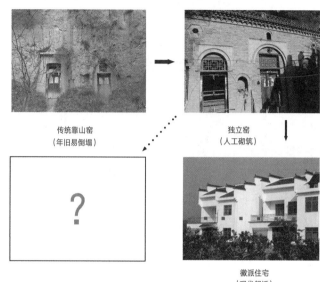

传统靠山窑
（年旧易倒塌）　　独立窑
（人工砌筑）

? 　　徽派住宅
（现代舒适）

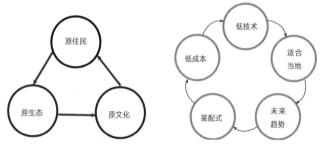

原住民　原生态　原文化

低技术　适合当地　低成本　装配式　未来趋势

面对周山村当下人口老龄化、劳动力缺失、建筑风貌破坏的现状，如何采用低技术、低成本的技术手段，就地取材，村民自建，重新构筑现代绿色窑洞是笔者思考的重点。

设计思路

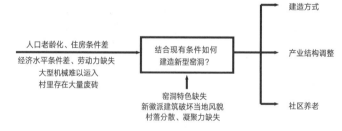

人口老龄化、住房条件差
经济水平条件差、劳动力缺失
大型机械难以运入
村里存在大量废砖

结合现有条件如何建造新型窑洞？

窑洞特色缺失
新徽派建筑破坏当地风貌
村落分散、凝聚力缺失

建造方式　预制再生混凝土框架结构
低技术拱顶建造
村民参与建造

产业结构调整　为青年提供返乡就业机会
建筑材料就近加工
废弃建筑材料再利用好
户型设计增加生产空间

社区养老　合院式格局
分层级院落

概念提出

窑洞原型转译

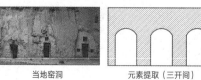

当地窑洞　　元素提取（三开间）　　图底转换

宅基地尺寸

12000
18000

当地宅基地尺寸为 12m×18m

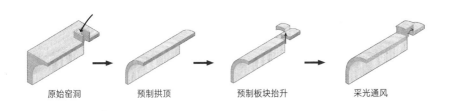

原始窑洞　　预制拱顶　　预制板块抬升　　采光通风

平面生成

生活模块

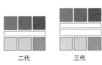

基本功能平面尺寸

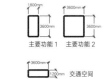

主要功能1　　主要功能2

交通空间

□ 辅助功能 / 走道

■ 交通体 / 卫生间

群体组合

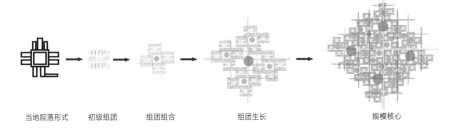

当地院落形式　初级组团　组团组合　组团生长　规模核心

基本组合方式　　组合变形

二代　三代　四代　　二代　三代　三代　四代

设计成果

户型一（两代人）

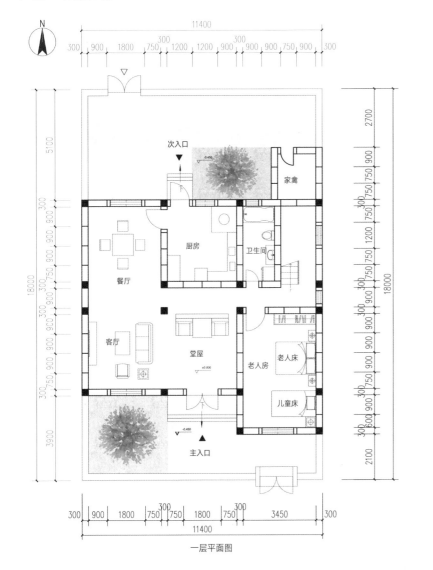

一层平面图

经济技术指标
占地面积：205 ㎡
建筑面积：189 ㎡

1. 适合两代人（老人、留守儿童）居住。
2. 老人卧室面积扩大，可容纳老人床和儿童床，满足两代之间的照看关系，也可将儿童床置换为老人独立起居空间。
3. 二层设置露台方便晾晒。

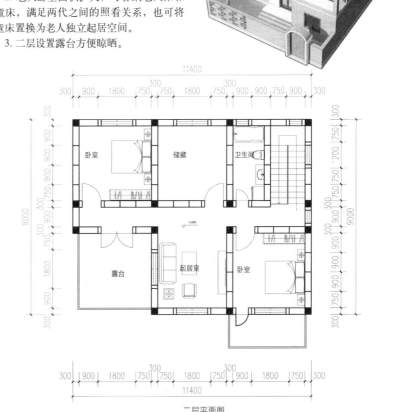

二层平面图

户型二（三代人）

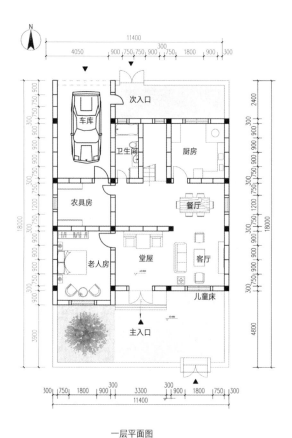

一层平面图

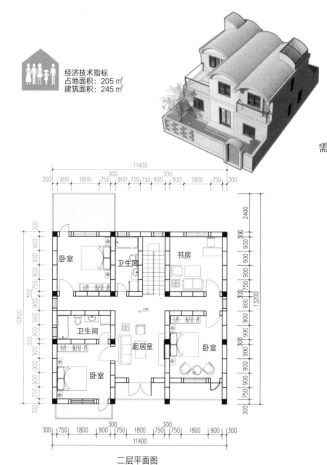

二层平面图

经济技术指标
占地面积：205 m²
建筑面积：245 m²

1. 适合从事农耕的三代人家庭居住。
2. 设置农具间及车库，满足农耕家庭需要。

户型三（三代人）

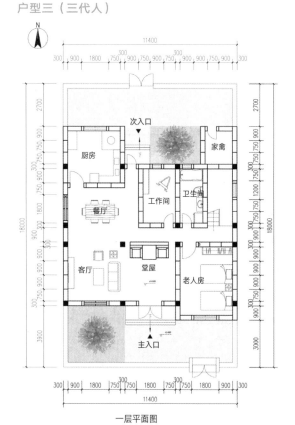

一层平面图

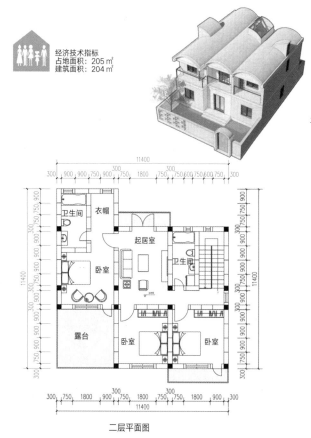

二层平面图

经济技术指标
占地面积：205 m²
建筑面积：204 m²

1. 适合从事手工业的三代人家庭居住。
2. 设置工作间，满足当地米醋加工、手工刺绣特色产业的家庭化生产。
3. 二层主卧舒适性好。

户型四（四代人）

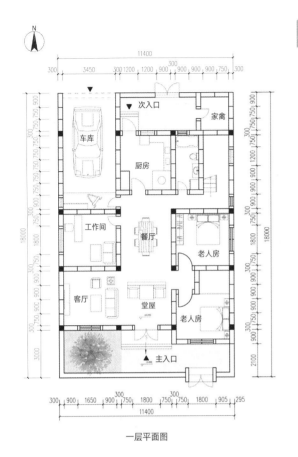

经济技术指标
占地面积：205 m²
建筑面积：277 m²

1. 适合四世同堂家庭居住。
2. 一层设置两个老人房，满足两代老人之间的独立起居与照看。
3. 餐厅上方通高，方便上下层交流联系。
4. 设置车库、工作间，满足农耕及手工生产。

一层平面图

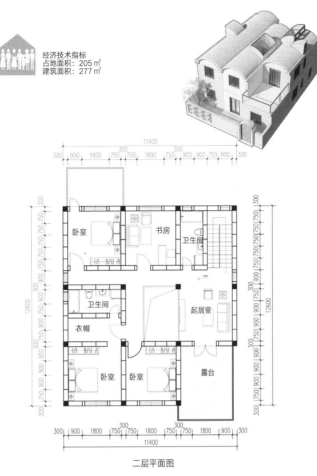

二层平面图

模块单体材质及结构

再生混凝土、再生砖材质

废混凝土块

废砖石

麦秸秆

水泥

再生砖（拱顶）

预制再生混凝土复合墙（墙体）

就地回收废砖、废弃混凝土块，经过破碎、清洗、分级后，按一定比例混合形成再生骨料，加入水泥砂浆拌制成再生混凝土

预制混凝土复合墙构造

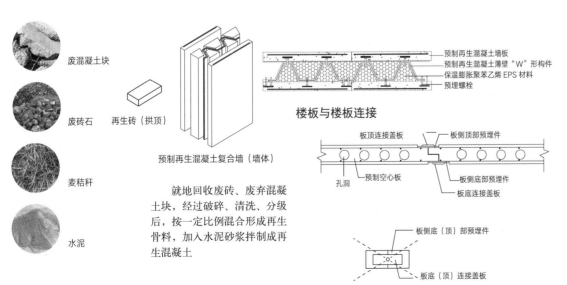

预制再生混凝土墙板
预制再生混凝土薄壁"W"形构件
保温膨胀聚苯乙烯 EPS 材料
预埋螺栓

楼板与楼板连接

板顶连接盖板　　板侧顶部预埋件
孔洞　　预制空心板
板侧底部预埋件
板底连接盖板

板侧底（顶）部预埋件
板底（顶）连接盖板

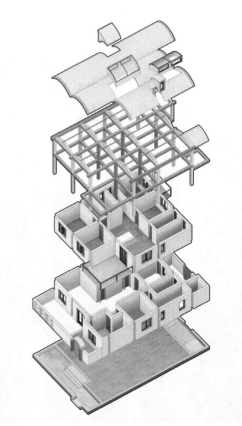

板材模数

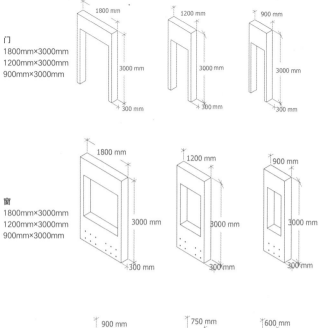

门
1800mm×3000mm
1200mm×3000mm
900mm×3000mm

窗
1800mm×3000mm
1200mm×3000mm
900mm×3000mm

墙板
900mm×3000mm
750mm×3000mm
600mm×3000mm

梁与楼板连接

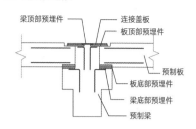

梁顶部预埋件　连接盖板
板顶部预埋件
预制板
板底部预埋件
梁底部预埋件
预制梁

墙与楼板连接

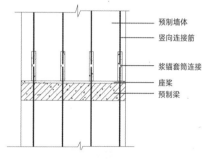

预制墙体
竖向连接筋
浆锚套筒连接
座浆
预制梁

拱顶构造

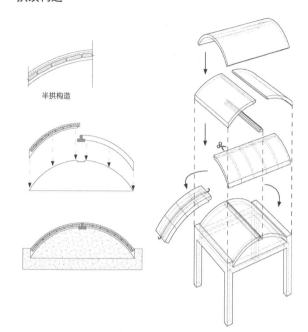

半拱构造

绿色技术

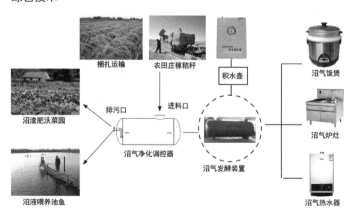

捆扎运输
农田庄稼秸秆
积水壶
沼气饭煲
沼渣肥沃菜园
排污口
进料口
沼气炉灶
沼液喂养池鱼
沼气净化调控器
沼气发酵装置
沼气热水器

场景图

学校：深圳大学　　指导老师：夏珩　齐奕
设计人员：周萌　谢锐生　郭杰宏　刘姝岑

户型四　剖面图

户型四　东立面图

【新型农房设计】——北京地区农宅

北京地区农宅调研

区位分析

西羊坊村，位于北京市延庆县张山营镇，距离县城西北 7.5km 处，据传辽代曾是萧太后牧羊之地。村子处在延庆盆地北缘，背靠清寺项。春天赏花，夏季避暑，秋天采摘、垂钓，冬季滑冰车、打雪仗。

气候分析

北京市气候为典型的北温带半湿润大陆性季风气候，大风和沙尘天气偏少。全市降水量偏多，年平均降水量为 600mm。

上位规划

选址介绍

张山营镇，地处燕山山脉西北端，北靠燕山群峰，南临官厅水库，是由西部和北部进入华北平原的战略要冲，在古代是兵家必争之地，镇里大部分村子都以营、屯、堡为名，明朝在此地集中军民设立军事戍卫机构张山营屯堡，张山营这一名称沿用至今。近代以来，张山营有京西北第一镇的称谓。

选址定位

2016 年初，张山营镇围绕"服务冬奥、保障冬奥"的总体要求，着手开展冬奥冰雪休闲小镇的规划工作。经过一年多策划和完善，提出了"一心、双区、六组团、多节点"的镇村空间体系。

通过特色化的冰雪产业组团，将张山营打造成为国际领先的冰雪产业集群。通过滑雪小镇建设、安置新村建设、周边村庄整治提升等具体实施手段，共同致力于适宜乡村的装配式住宅建筑体系的研发，提高普通老百姓的住房质量和居住水平。

基地产业特色

自然特色

延庆区北东南三面环山，西临官厅水库的延庆八达岭长城小盆地，即延怀盆地，延庆位于盆地东部，全境平均海拔 500m 左右。海坨山为境内最高峰，海拔 2241m，也是北京市第二高峰。

产业特色

延庆区主要以农业种植业为主，有着长久的葡萄酒文化与葡萄种植产业，并且拥有华北最大的杏树基地。延庆的鲜杏品种多，有骆驼黄、葫芦、青蜜沙、偏头等 160 个品种。花卉种类丰富，有着特大花卉产业园。

文化特色

八达岭长城是中国古代伟大的防御工程万里长城的重要组成部分，是明长城的一个隘口。1987 年被联合国教科文组织列入"世界文化遗产"名录。而古崖居名胜区是古人留下的神奇壮观的人文遗迹，堪称千古之谜。

现状风貌分析

传统祭祀空间　　　传统影壁　　　传统门头　　　屋脊

传统风貌　　　现代风貌　　　外来风貌

农村建筑形式特点——四合院

农村住宅基本上都是合院式住宅，以三合院为主，由正房、东西厢房和一面墙构成，同时还有少数保存完整的四合院和二合院。它们的屋顶一般为双坡硬山顶，采用抬梁式木架结构。民居建筑均为矩形平面，长宽比一般为 2：1～3：1 之间。

正房建筑平面多为 3 间或 5 间，面阔一般为 3.3m，进深多在 5～7m 之间。厢房建筑平面多为 3 间或 2 间，形制较正房低。院落大都南北向布置，正房坐北朝南。

灰色汉瓦　　　灰色波形瓦　　　木材　　　木材

木材　　　玻璃　　　绵纸　　　木材　　　玻璃　　　木材

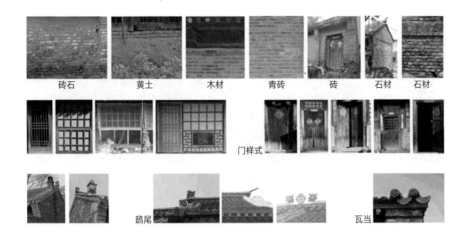

砖石　　黄土　　木材　　青砖　　砖　　石材　　石材

门样式

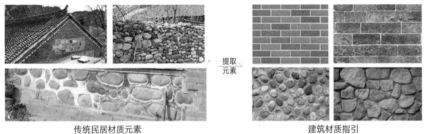

鸱尾　　　　　　　　　　　　　　　瓦当

建筑风貌分析

建筑材料

　　使用砖、石、瓦等乡土材料进行建造，可以使用涂料、仿砖、仿石、仿木、仿瓦等现代外墙材料。建筑的整体材料应统一，避免建筑的不同立面出现不同的外墙材料和不同的颜色。

传统民居材质元素　　　　　　　建筑材质指引

建筑屋顶

　　保留北方传统民居的硬山坡屋顶及形式多样的鸱尾形式，使用带有保温层的压型钢板复合屋面，并需要在檐口和屋脊处增加构造设计。屋面颜色可以采用深灰色、灰蓝色、暗红色、深咖色。

建筑门窗

　　鼓励使用木质或断桥铝合金材料以提高节能保温效果。

传统民居门窗元素　　　　　　　建筑门窗指引

测绘农宅现状分析

测绘农宅一平面图

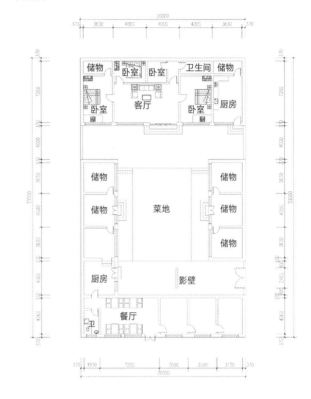

现状调研

测绘农宅立面图、剖面图

测绘农宅二平面图

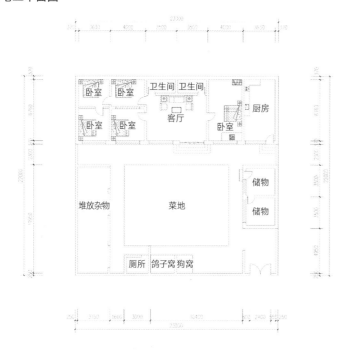

测绘农宅三平面图

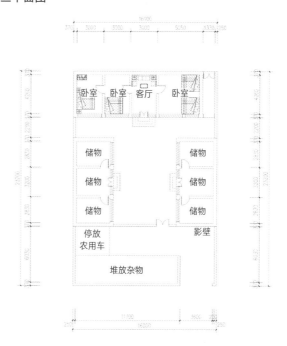

现状调研

现状调研

测绘农宅立面图

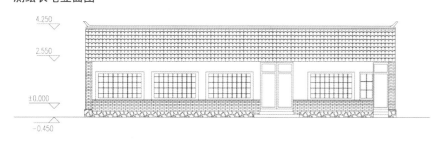

测绘农宅立面图

测绘农宅四平面图

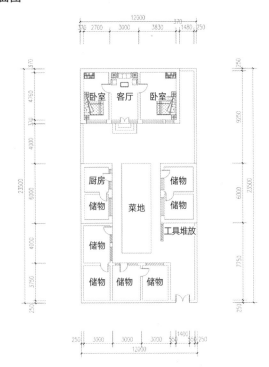

现状调研

测绘农宅立面图

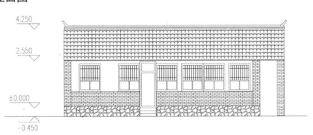

新型农宅方案设计

设计思路

传统建筑与现代科技（四合院 VS 装配式）

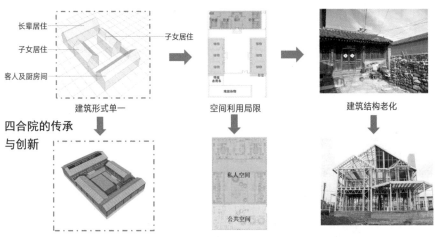

四合院的传承与创新

保留传统建筑四合院形式，在保留传统四合院建筑布局特色的基础上，打破常规闭合状态，保证私密性的同时增加空间灵动性

创建整齐明亮的厨房及餐厅、有现代化设备的客厅等，针对不同的人群打造不同的人性化设计

建筑外观以开放的玻璃与传统的建筑结构相结合，玻璃或者钢结构与传统木结构的碰撞，增加不一样的视觉体验

方案构思

1. **模块化建造**。通过模块化设计实现100%的装配率，现场施工周期可缩短50%以上，可提高施工质量，具有很强适应性和扩展性。

2. **可变的建筑功能**。平面设计多样，建筑可以在酒店、公寓、办公中灵活转换，并可以快速变化体量大小以适应城市不同的需求。

3. **连接节点研发**。模块间连接节点采用定位抗剪双功能键，在安装时提供定位，方便模块就位。

4. **消能减震技术**。体系中使用的波纹钢板剪力墙、消能-承载钢支撑具备消能减震功能，可以根据性能需求灵活选用，不影响室内空间的使用。

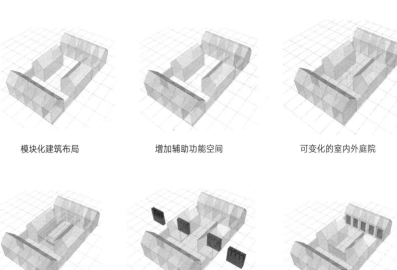

模块化建筑布局　　　　增加辅助功能空间　　　　可变化的室内外庭院

前后院的回廊连接通道　　　可嵌入式家具　　　　　可变化的门窗

村落模块化布局

农房原始建筑

通过建筑模块化生产，进行不同方式的组合形成院落，进而形成村庄布局。降低村庄建设密度和蔓延式发展，为重新塑造村庄空间形态提供可能。

单体模块化

夏季可抽出模块，实现通风散热　　　　　　　冬季可封闭模块，实现保温

在基本模块的基础上，增加了一个模块内部可变化的部分，通过一个可抽拉小阳台，可以让单体模块很好的适应季节变化，冬季是小模块闭合形成封闭的整体，夏季时小模块抽出，提供一个独立空间，也增加了室内的通风散热。这样的小模块的抽拉也可以很好的丰富建筑外观的变化。

鸟瞰图

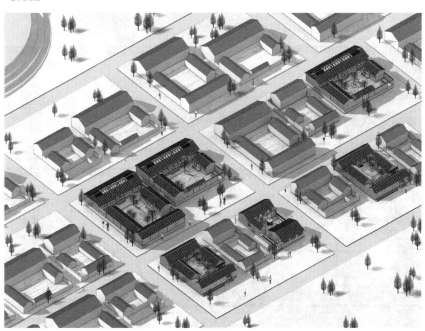

设计方案民宿户型一

建筑面积：640m²

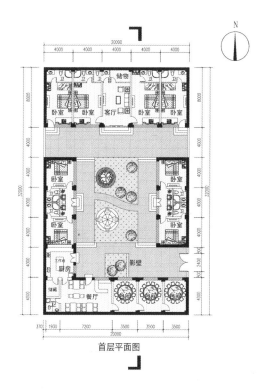

首层平面图

北立面图

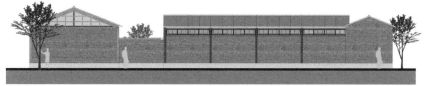

西立面图

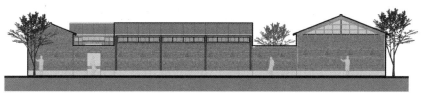

东立面图

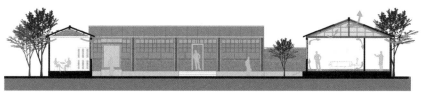

1-1 剖面图

设计方案民宿户型二

建筑面积：384m²

首层平面图

南立面图

东立面图

西立面图

1-1剖面图

设计方案民宿户型三

建筑面积：252m²

首层平面图

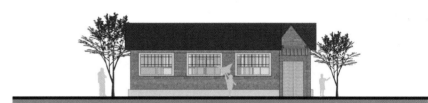

南立面图

东立面图

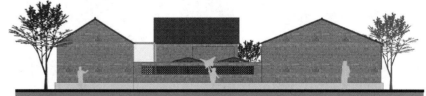

西立面图

1-1剖面图

设计方案民宿户型四

建筑面积：528m²

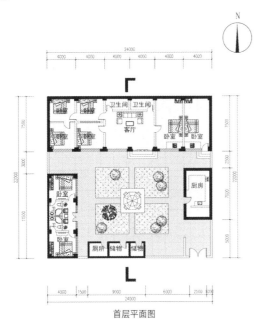

首层平面图

农宅方案一分解图

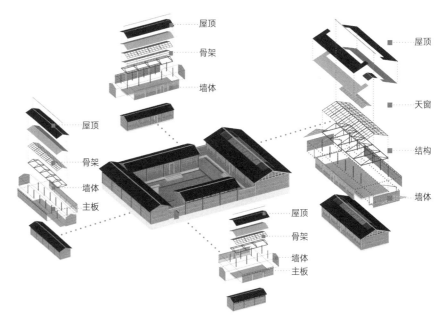

东立面图

农宅方案一建造过程图

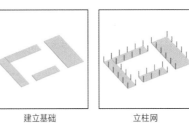  

建立基础　　立柱网　　搭建梁架　　拼装围护结构

铺设屋面骨架　　拼装屋顶　　铺设屋面材料　　整合院落布局

南立面图

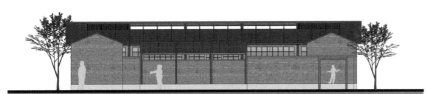

西立面图

农宅方案二分解图

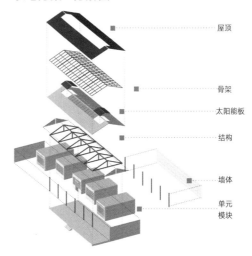

单体模型

模型整体采用钢框架骨架结构，构件进行模块化处理，同时房间采用单元模块组合，灵活布置，形成装配式体系。

1-1 剖面图

模块构件

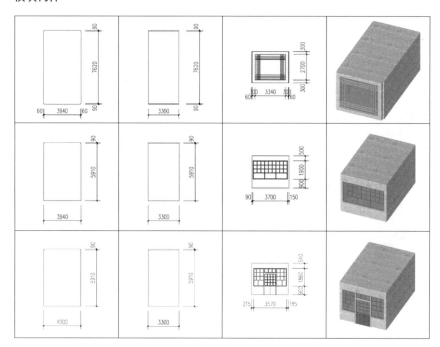

标准化模数

基础模数

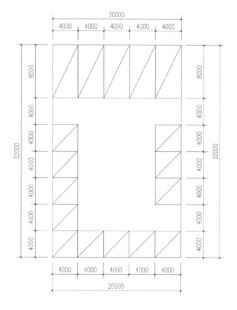

主板模数

屋面板模数

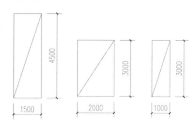

山墙模数

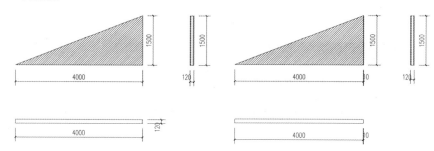

装配式农宅体系

装配式理念

《国务院办公厅关于大力发展装配式建筑的指导意见》中提出要"大力发展装配式混凝土建筑和钢结构建筑，在具备条件的地方倡导发展现代木结构建筑"。由此可见，国家在面对装配式建筑发展方向和技术路线选择的时候，更多的倾向于装配式混凝土结构建筑和钢结构建筑。

装配式住宅建筑：装配式建筑是将建筑的部分或全部构件在工厂预制完成，然后运输到施工现场，将构件通过可靠的连接方式加以组装而建成的建筑产品。装配式建筑是实现建筑工业化的有利手段。本文主要的研究对象是住宅，但是由于目前国内装配式建筑很多应用尝试在非住宅建筑中，所以将研究对象的范围扩大到以住宅为重点的所有建筑。

屋脊模数

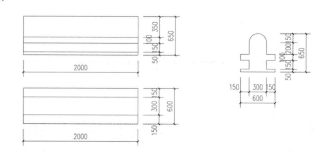

装配式柱吊装　　　装配式叠合板吊装　　　模块吊装

我国乡村大量农宅和配套设施多为农民自发营建，缺乏法律及人力物力的保障和有关部门的监督和指导。在很多地方，农房建设基本处于自由无序的发展状态。首先，既有农宅用材虽多，能因地制宜、因陋就简，但建筑平面布局大多不够合理，热工性能差，空间品质不佳；结构形式多采用传统砖木、砖混结构，大量使用黏土砖，不仅价格高昂，而且不抗震、不环保。其次，建筑形式上盲目模仿城市或国外建筑风格，建筑风貌考虑较少，乡村特色彰显不足，和自然环境更是格格不入。即使是那些新建农宅也常盲目照搬城市类型的住宅平面与风格，很少从农民自身的生活、生产需求和行为要求出发。最后，农民还在采用简易低效、小作坊式的建造方式，安全、舒适与效率无从谈起。

综上所述，目前我国农村住宅建设规模大、数量广，住宅的质量已经很难满足现代农民的生活需求。然而农村住宅属于农民的私有，所以不可能采用与城市建设相同的正式设计程序和施工流程。由于目前农民所能支付的设计成本有限，设计师不可能针对每个家庭进行单独设计，所以农村住房急需通过发展装配式建筑来解决上述问题。

梁、柱模数

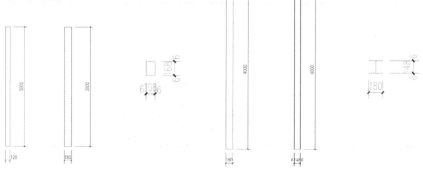

外墙、门窗示意

外墙构件

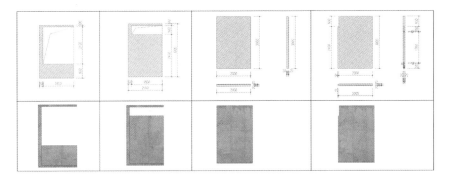

门窗构件

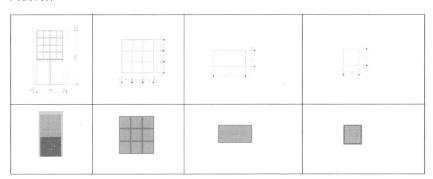

装配式结构构造

装配式构件构造

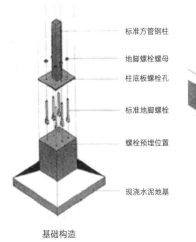

标准方管钢柱
地脚螺栓螺母
柱底板螺栓孔
标准地脚螺栓
螺栓预埋位置
现浇水泥地基

基础构造

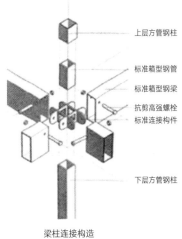

上层方管钢柱
标准箱型钢管
标准箱型钢梁
抗剪高强螺栓
标准连接构件
下层方管钢柱

梁柱连接构造

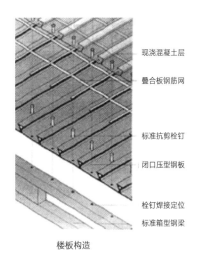

现浇混凝土层
叠合板钢筋网
标准抗剪栓钉
闭口压型钢板
栓钉焊接定位
标准箱型钢梁

楼板构造

外墙找平涂层
标准 ASA 板
标准箱型钢柱
专用黏结用剂
U 型钢板（焊）
标准 ASA 板
ASA 板垫块

墙体构造

装配式建筑板构件生产工序：钢模制作→钢筋绑扎→混凝土浇筑→脱模

钢筋绑扎的时候需预留孔洞

进行钢筋绑扎的时候需将吊钩预埋其中

混凝土浇筑，流水线作业

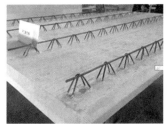

脱模后成品装配式板

成品装配式构件装车运输

装配式钢框连接节点

钢柱的拼接

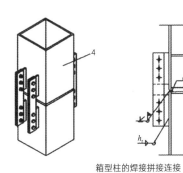

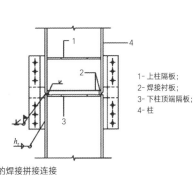

1- 上柱隔板；
2- 焊接衬板；
3- 下柱顶端隔板；
4- 柱

箱型柱的焊接拼接连接

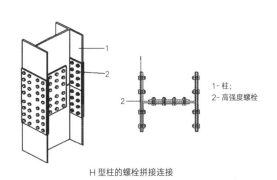

1- 柱；
2- 高强度螺栓

H 型柱的螺栓拼接连接

梁柱刚性连接构造

(1) 梁翼缘、腹板与柱均为全熔透焊接，即全焊接节点。
(2) 梁翼缘与柱全熔透焊接，梁腹板与柱螺栓连接，即栓焊混合节点。
(3) 梁翼缘、腹板与柱均为螺栓连接，即全栓接节点。

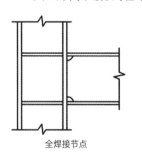　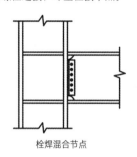　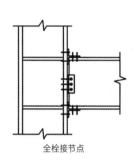

全焊接节点　　　　　栓焊混合节点　　　　　全栓接节点

梁柱的连接

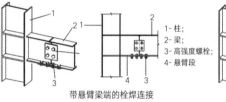　　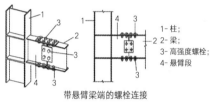

带悬臂梁端的栓焊连接　　　　带悬臂梁端的螺栓连接

窗框做法

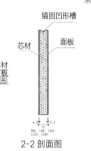　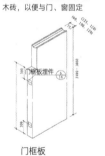

普通板　　　1-1 剖面图　　2-2 剖面图　　门框板

节点大样拼接示意

屋顶预制墙板拼接　　　纵向钢柱拼接

　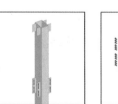　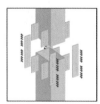

梁与檩条拼接　　　屋脊构件拼接

　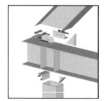　　

预制墙板拼接

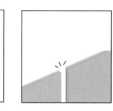　

横向钢梁拼接

墙板与钢柱拼接

　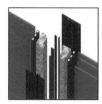

农宅节能分析

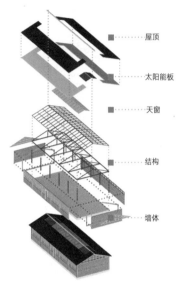

屋顶
太阳能板
天窗
结构
墙体

门窗构件拼接

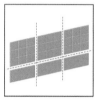　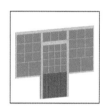

太阳能集热

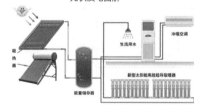

光伏发电图解

太阳能平板热水器转换原理

加强隔热保温性能

中空玻璃构造层

植物秸秆做板材

太阳能蓄电图解　　　　雨水收集系统图解

学校：北京工业大学　　指导老师：戴俭　王新征　　设计人员：张羽　张明远　黄震　马凤琴

【叠院新居】——山东济宁鱼台村居

设计说明

　　该方案选址于"北方小苏州"——山东济宁鱼台。自古为大运河重要交通枢纽，商业往来频繁，建筑风格也受北方四合院青砖黑瓦与南方徽派建筑的影响，没有了北方四合院的严格对称，也没有徽派建筑的高大封火山墙，而是融合了两者特点。随着大运河水运的停用，济宁也沉下它的脚步，慢慢享受自己的生活。

　　该民居充分考虑装配式建筑的可复制性与模块化控制，充分发挥装配式建筑的优势，提高工业化生产的效率。同时采用新中式的建筑风格，充分体现地域性特点，两个L形的屋顶像交织的丝绸，抑或是相融的山脉，前后分别流出院落，相映成趣；阳光露台与起居室享受惬意的日光浴。DIY健身房可以改造成为画室工作室、歌手工作室、建筑师工作室等房间。美观大气又不失细腻，庄重肃穆又不失韵味。以现代装配式建筑的手法，去营造老宅子的禅意；在快节奏的现代生活中，去追寻人情的温暖与亲情的关怀，亲朋好友听雨品茶，促膝长谈，快哉快哉。

当地传统民居调研

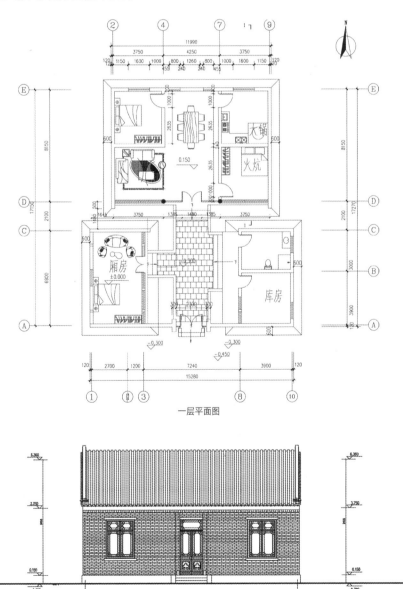

一层平面图

厢房西立面图

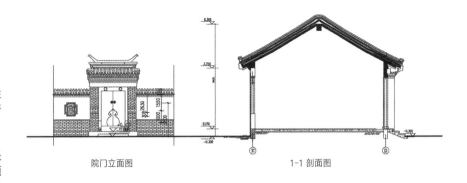

院门立面图　　　　　1-1剖面图

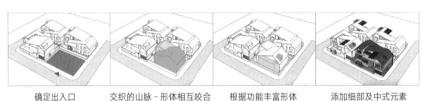

确定出入口　　交织的山脉-形体相互咬合　　根据功能丰富形体　　添加细部及中式元素

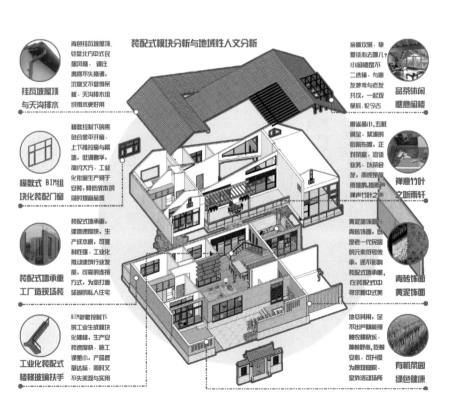

装配式模块分析与地域性人文分析

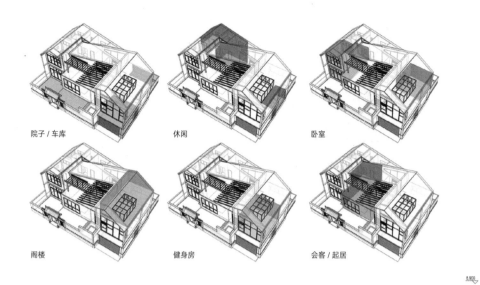

院子/车库　　　　　　休闲　　　　　　　卧室

阁楼　　　　　　　健身房　　　　　　会客/起居

方案设计

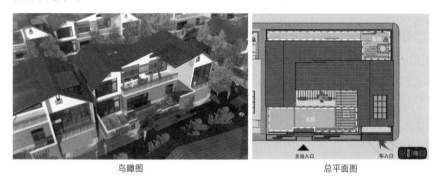

鸟瞰图　　　　　　　　　总平面图

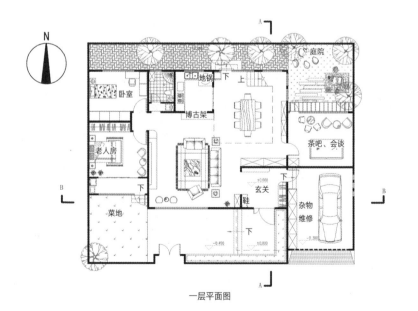

一层平面图

二层平面图

A-A 剖面图　　　　　　　　　　B-B 剖面图

东立面图　　　　　　　　　　南立面图

学校：山东农业大学　　指导老师：刘经强　　设计人员：许温林　蒋奇翰　郭成林　庞滨

【新型农房设计】——四川羌族碉楼

前期调研

区位分析

桃坪羌寨，位于理县杂谷脑河畔桃坪乡，距离理县城区 40km、汶川城区 16km、成都 139km，是国家级重点文物保护单位，九黄线旅游圈的重要景区。桃坪羌寨是世界上保存最完整的尚有人居住的碉楼与民居融为一体建筑群，享有"天然空调"美名。其完善的地下水网、四通八达的通道和碉楼合一的迷宫式建筑艺术，被中外学者誉为"羌族建筑艺术活化石""神迷的东方古堡"。

碉楼是一种特殊的中国民居建筑，因形状似碉堡而得名。在中国分布具有很强的地域性。羌族民居为石片砌成的平顶房，呈方形，多数为 3 层，每层高 3m 余。房顶平台的最下面是木板或石板，伸出羌族碉楼墙外成屋檐。木板或石板上密覆树丫或竹枝，再压盖黄土和鸡粪夯实，厚约 0.35m，有洞槽引水，不漏雨雪，冬暖夏凉。房顶平台是脱粒、晒粮、做针线活及孩子与老人游戏休息的场地。有些楼间修有过街楼（骑楼），以便往来。

本次选址地块位于桃坪羌寨内的中心区域，在博物馆和剧场附近，以广场为中心，除了公共建筑以外，还有很多当地特色的民居建筑。

地理气候分析

气候条件

四川处于亚热带，由于地形和不同季风环流的交替影响，气候复杂多样。大致来说，东部的四川盆地属亚热带季风气候；而西部的高原地区受地形影响，以垂直气候带为主，该地区从南部到北部，气候类型由亚热带逐渐过渡至亚寒带，而垂直方向上则分布有从亚热带到永冻带的各种气候类型。

东部的四川盆地年平均气温为 14~19℃，比我国同纬度的其他地区（如长江中下游地区）高 1℃ 左右。其中，最冷的 1 月平均气温为 3~8℃，最热的 7 月平均气温为 25~29℃，春季及秋季气温则接近年平均气温。

东部的四川盆地大部年降水量 900~1200mm，其中盆地周边山地多于盆地腹地，而盆西缘山地是全省降雨量最大的地区，达 1300~1800mm，当地城市雅安有"雨城"之称，故柳宗元曾提出"蜀犬吠日"的说法。

地理条件

四川位于我国西南地区，长江上游，是我国内陆腹地省份之一。四川西部地区是青藏高原的一部分，东部地区则大都位于四川盆地内。四川与重庆、陕西、甘肃、青海、云南、贵州和西藏自治区接壤。四川省境内以山地为主，丘陵次之，平原和高原少。

村庄概况

村寨形态

桃坪羌寨是羌族建筑群落的典型代表，寨内一片黄褐色的石屋顺陡峭的山势依坡逐坡上垒，其间碉堡林立，被称为最神秘的"东方古堡"。桃坪羌寨以古堡为中心筑成了放射状的 8 个出口，出口连着甬道构成路网，本寨人进退自如，外人如入迷宫。寨房相连相通，外墙用卵石、片石相混建构，斑驳有致，寨中巷道纵横，有的寨房建有低矮的围墙，保留了远古羌人居"穹庐"的习惯。

建筑形态

民居内房间宽阔、梁柱纵横，一般有 2~3 层，上面作为住房，下面设牛羊圈舍或堆放农具，屋内房顶常垒有一"小塔"，供奉羌人的白石神。堡内的地下供水系统也是独一无二的，从高山上引来的泉水，经暗沟流至每家每户，不仅可以调节室内温度、作消防设施，而且一旦有战事，还是避免敌人断水和逃生的暗道。

历史文化

桃坪历史悠久，据史料记载，寨子始建于公元前 111 年，西汉时即在此设广柔县，桃坪作为县辖隘口和防御重区便已存在，已有 2000 多年的历史。桃坪羌寨，羌语"契子"，依山傍水，土沃水丰，人杰地灵，岷江支流杂谷脑河自村而过。该村寨集古朴浓郁的民风民俗，神奇独特的羌民族建筑，天然地道的羌族刺绣和奔放的羌族歌舞，展示着古朴迷离的羌族历史。夜幕降临，篝火熊熊，羌家人围着咂酒、载歌载舞，往往是"一夜羌歌舞婆娑，不知红日已瞳瞳"。

风土人情

桃坪羌寨似乎浓缩了羌族千年历史，在桃坪羌寨内，多少年来羌民们都保留着传统的生活习惯，从田间采摘苹果的孩童到门前穿着整齐民族服饰的老者，从正在织羌绣的妇女到喝着青稞酒的壮汉，都呈现出一种田园牧歌式的生活境界。

羌族最隆重的民族节日为"祭山会"（又称"转山会"）和"羌年会"（又称"羌历年"），分别于春、秋季举行，是一种春祷秋酬的农事活动。

调研现状

现存问题

1. 桃坪羌寨经历过汶川地震，三面环山，一面朝河，地势相对较低。建筑受地震影响，房屋结构有破损，部分墙体也遭受到了损坏。

2. 桃坪羌寨内只有一个商店，生活有很多不便之处。公共建筑只有博物馆以及一个剧场，相对破旧，不能吸引游客。

3. 桃坪羌寨内现居住老人和孩子相对较多，年轻人全都外出打工。

4. 门窗等木结构构件破损，整体风貌相对受到损坏。

建筑外形特点

　羌寨内的碉楼独具特色，每个建筑的屋顶基本都会有罩房，可以通往屋面

　羌寨内的碉楼外墙多为用石块和黄土堆砌而成，厚实保温，冬暖夏凉

　羌寨内的碉楼大多都与木结构进行结合，具有悬挑的木平台以及木构件等

　羌寨内的窗户形状、大小不一，独具特色，开窗方式多种多样

元素提取

窗户

木门

木栏杆

木柱　　　　　天窗　　　　　　　　　　山石神
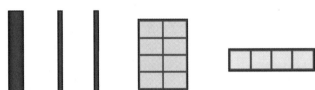

设计方法

　　从方案中抽取当地独具特色的建筑元素，制成预制构件，为之后装配式搭建建筑做提前准备。

测绘图纸

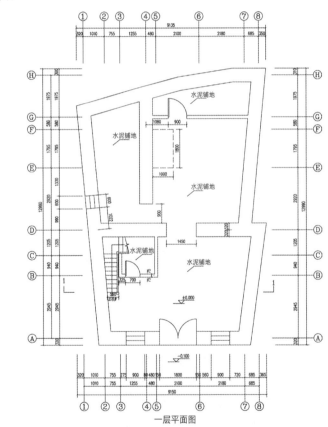

一层平面图

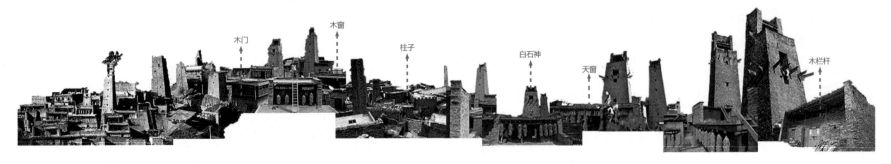

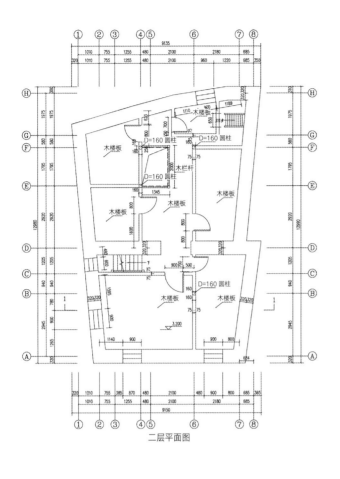

二层平面图

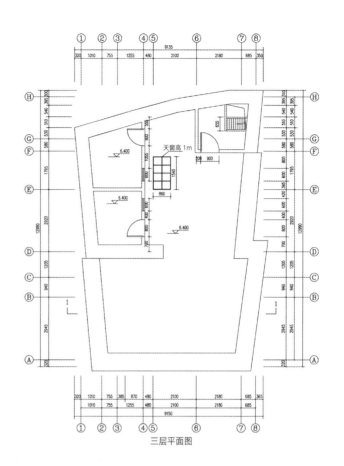

三层平面图

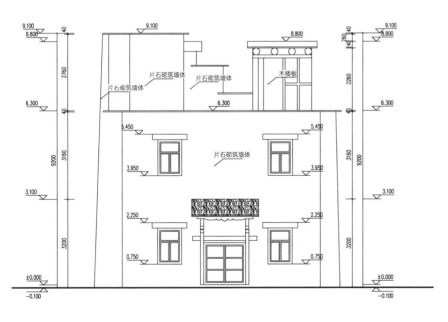

立面图

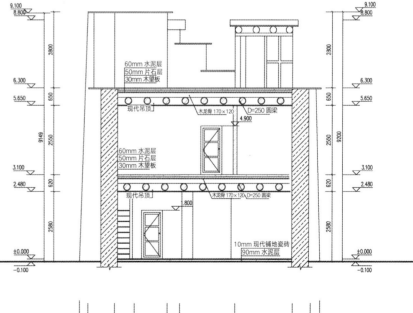

剖面图

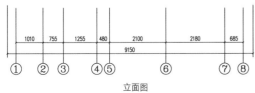

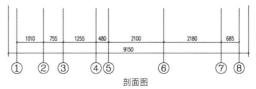

方案设计

效果图

剖透视

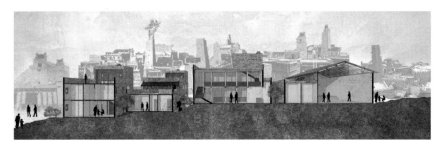

设计思路

桃坪羌寨经历过汶川地震，好多墙体破损，结构不稳定

装配式建筑施工速度快，建筑结构更加牢固，建筑修复更容易

?
如何合理的将古建筑和装配式建筑进行融合
如何解决桃坪羌寨现存的问题
如何在装配式技术的基础上尽可能的保留传统元素
如何通过装配式的手法展现羌寨内原有碉楼的建筑特色

考虑协调性和可持续发展战略

引进人才，促进桃坪羌寨的旅游业发展　　　增加公共建筑类型，方便游客和居民　　　设置博物馆和剧场，更好的向游客展示该地区的传统文化和特色　　　提升住宿空间，促进旅游业发展

设计理念

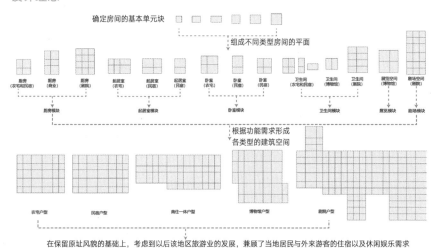

确定房间的基本单元块

组成不同类型房间的平面

厨房(农宅和民宿)　厨房(商业)　厨房(剧场)　起居室(农宅)　起居室(民宿)　卧室(民宿)　卧室(农宅)　卧室(民宿)　卧室(民宿)　卫生间(农宅和民宿)　卫生间(博物馆)　卫生间(剧场)　展示空间(博物馆)　舞台空间(剧场)

厨房模块　　起居室模块　　卧室模块　　卫生间模块　　展览模块　　剧场模块

根据功能需求形成各类型的建筑空间

农宅户型　民宿户型　商住一体户型　博物馆户型　剧场户型

在保留原址风貌的基础上，考虑到以后该地区旅游业的发展，兼顾了当地居民与外来游客的住宿以及休闲娱乐需求

农房改造

自住
外租

技术经济指标：
占地面积：117m²
建筑面积：256m²

北

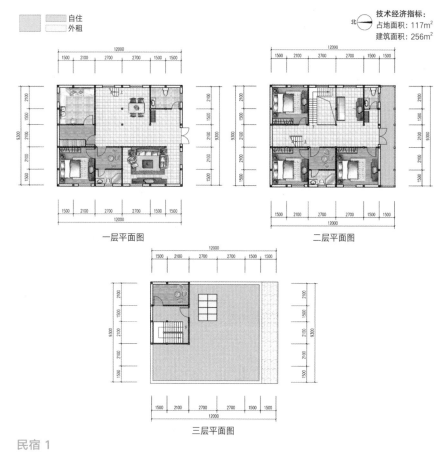

一层平面图　　　　　　　　二层平面图

三层平面图

民宿 1

自住
外租

技术经济指标：
占地面积：167m²
建筑面积：545m²

北

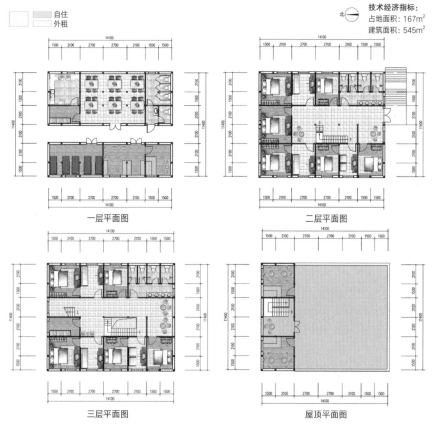

一层平面图　　　　　　　　二层平面图

三层平面图　　　　　　　　屋顶平面图

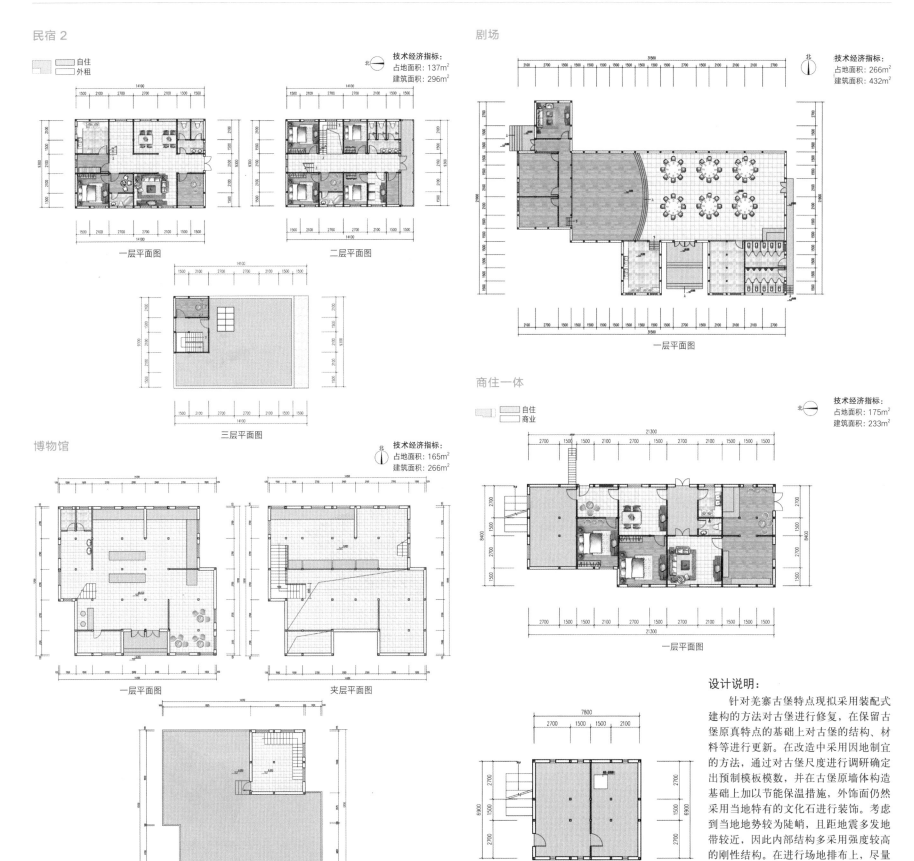

民宿2

自住
外租

技术经济指标：
占地面积：137m²
建筑面积：296m²

一层平面图

二层平面图

三层平面图

博物馆

技术经济指标：
占地面积：165m²
建筑面积：266m²

一层平面图

夹层平面图

二层平面图

剧场

技术经济指标：
占地面积：266m²
建筑面积：432m²

一层平面图

商住一体

自住
商业

技术经济指标：
占地面积：175m²
建筑面积：233m²

一层平面图

地下一层平面图

设计说明：

　　针对羌寨古堡特点现拟采用装配式建构的方法对古堡进行修复，在保留古堡原真特点的基础上对古堡的结构、材料等进行更新。在改造中采用因地制宜的方法，通过对古堡尺度进行调研确定出预制模板模数，并在古堡原墙体构造基础上加以节能保温措施，外饰面仍然采用当地特有的文化石进行装饰。考虑到当地地势较为陡峭，且距地震多发地带较近，因此内部结构多采用强度较高的刚性结构。在进行场地排布上，尽量保存当地居民生活原真性，加以旅游商业设施作辅助，使得古堡文化能够进一步发扬，同时也可提高当地居民的生活品质。

立面和剖面

立面和剖面

绿色节能分析

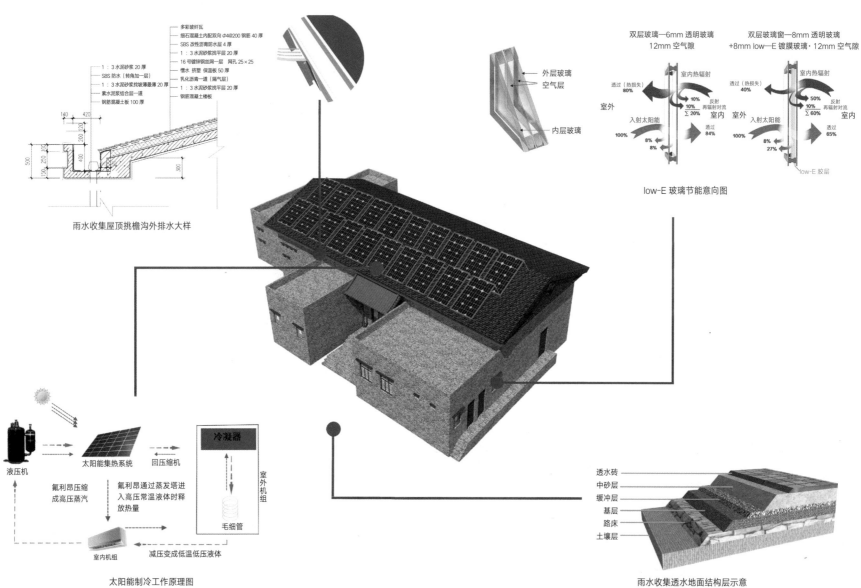

雨水收集屋顶挑檐沟外排水大样

low-E 玻璃节能意向图

太阳能制冷工作原理图

雨水收集透水地面结构层示意

建筑技术

模数

主板模数（单位：mm）

板长 板宽	1500	2100	2700
1500			
2100			
2700			

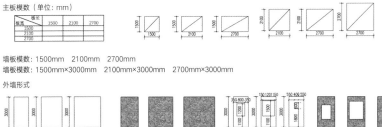

墙板模数：1500mm　2100mm　2700mm

墙板模数：1500mm×3000mm　2100mm×3000mm　2700mm×3000mm

外墙形式

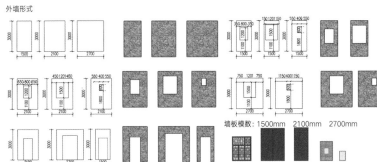

墙板模数：1500mm　2100mm　2700mm

装配式搭建

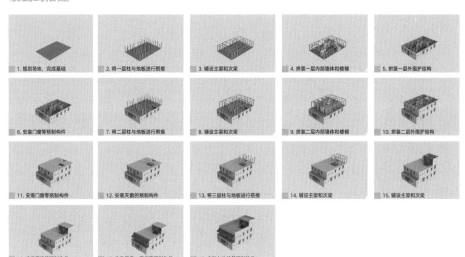

1. 规划场地，完成基础
2. 将一层柱与地板进行搭接
3. 铺设主梁和次梁
4. 拼装一层内部墙体和楼梯
5. 拼装一层外围护结构
6. 安装门窗等预制构件
7. 将二层柱与地板进行搭接
8. 铺设主梁和次梁
9. 拼装二层内部墙体和楼梯
10. 拼装二层外围护结构
11. 安装门窗等预制构件
12. 安装天窗的预制构件
13. 将三层柱与地板进行搭接
14. 铺设主梁和次梁
15. 铺设主梁和次梁
16. 安装围墙等预制构件
17. 安装屋檐、围栏等预制构件
18. 安装女儿墙等预制构件

建筑分解图和节点分析

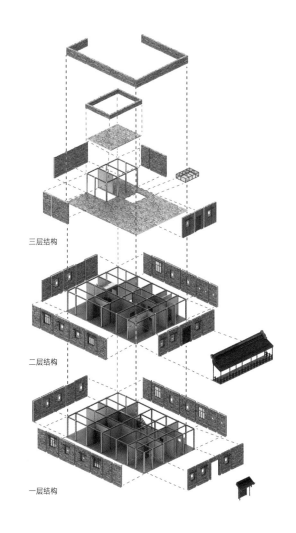

三层结构

二层结构

一层结构

梁、柱、板连接示意

两块楼板组成的凹槽之间现浇混凝土

梁与柱之间采用角钢螺丝连接

楼板搭在工字钢梁上

楼板连接示意

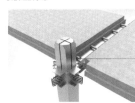

楼板之间突出钢筋前后穿插连接，维护上下整体性

楼板与梁固定示意

楼板与工字钢梁之间螺栓连接

墙板连接示意

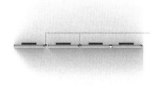

墙板之间钢筋穿插连接，凹槽位置布钢丝网现浇

墙板与柱连接示意

两块墙板组成的凹槽之间布钢筋，与柱上突出节点绑扎后现浇混凝土

墙板榫卯插接连接示意

两块墙板之间通过突出钢筋与凹槽插接相连

上下柱连接示意

上下柱之间通过下方柱与上方柱穿插连接后，用角钢将上下柱衔接牢固

主次梁与柱连接示意

主次梁之间通过角钢、钢板与螺栓衔接

学校：北京工业大学　　指导老师：戴俭　　设计人员：王晶　沈盛楠　吴鹏龙　吕雨桐

其他参赛作品

【九里烟·万户间】——皖南新型装配式农宅设计

设计说明

装配式建筑在我国广大乡村土地上蓬勃发展，为了避免千村一面现象，地域特色是重要的考虑因素。有诗曰："十里查村九里烟，三溪汇流万户间""九里烟"寓意皖南传统乡村民居生活气息浓厚，"万户间"寓意新型装配式农房方案这一组团处于查济村众多传统聚落之中。

因此，方案提取了查济村天井这一重要的平面布局元素，并与装配式标准化生产和现代人的生活方式相融合来考虑户型设计，运用青瓦粉墙木构来营建。组团尺度适宜，并设计向心内院来延续传统乡村中邻里之间自然和谐的社会关系。

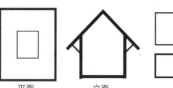

平面	立面	布局
天井围合	传统木构	向心组团

现状分析

本方案设计示范基地的选址为安徽省宣城市的查济古村，其位于皖南泾县西端，南连黄山区，北邻青阳县。现查济为查姓正村，查姓村落绵延数十里，在中国历史文化名村保护规划中划为核心保护区的面积就达 48.80hm²，建设控制地带有 90.22hm²，是我国现存规模最大的明清古村落。

地理环境

查济四面环山，山为佛教名山九华山脉，惟东较为平坦、开阔。有岑溪、许溪、石溪穿村而过，查济古村落沿三溪而建，山水田园景观特色明显。

宣城地区气候属亚热带湿润季风气候类型，季风明显，四季分明。宣城地处中纬度地带，是季风气候最为明显的区域之一。查济村年平均气温 16℃ 左右，年平均降雨量 1300mm 左右，无霜期年均 230 天左右。

当地建筑村落特征分析

以五口之家为例

元素	特点		
聚落形态	背山面水，负阴抱阳		由于冬季盛行寒冷的偏北风，夏季盛行暖湿的偏南风，传统徽派民居在村落的选址上为了顺应多变的徽州地形，逐渐形成背山面水的特点，村落基本以坐北朝南方位布局，东向、西向、北向三面环山，南面通常前区开阔
水文化景观形成	水口、水街、池塘		水口是徽州传统村落外部空间序列的开端。村落常设与水溪等组成的水街，不仅为居民的日常生活提供了水源，也起到了防火的作用。池塘通常作为徽州村落常见的景观节点，居民日常生活与村落建筑布局均围绕池塘展开
建筑形态	布局自由，形式内敛		从建筑单体来看，徽州民居的主体建筑以中轴对称布局为主，方整紧凑，占地较小，且有效使用面积较大，通过对三合院不同的组合方式形成多种多样的建筑布局。徽州传统民居讲究内向性，对外开窗较小且少，对内则设置天井，构成内向性的空间交流中心
天井	通风、采光、排水		徽州传统民居之所以格局统一、变化丰富，天井在其中起到了关键的作用，徽州民居的天井一般小且狭长，具有通风、采光、排水等多种作用，排水通过天井也具有特殊含义，象征"肥水不流外人田"，称为四水归堂。徽州传统民居的天井在内部空间的联系和导向作用上也起到了过渡作用
马头墙	防火、防风、防暑、隔噪	 	因为大部分房屋采用木结构，容易引起火灾。为防止火势蔓延，采用马头墙能有效地阻隔两栋相连的房屋。马头墙一般可高出屋顶数尺，冬季能有效阻挡寒风直接进入室内，具有防寒防风的作用。马头墙一般为空心墙，其隔音、保温效果比一般墙体要好得多

传统民居现状调研

对安徽省宣城市泾县查济村的传统民居进行调研，发现当地的古建筑保存比较好，展现了古徽州地区特有的建筑风貌，在此基础上总结归纳了当地传统民居的特征元素。

1. 斑驳的粉墙黛瓦和古朴的月门　　2. 曲翘的屋顶以及小青瓦材质　　3. 传统民居中的雕花木窗和檐下木斜撑构架

4. 精美繁复的门楣牌楼　　5. 传统的两进天井院落布局

现有改建现状及存在的问题

　　新建的农房多采用现代化的钢筋混凝土建造，外包一层仿古建筑的立面，与传统民居风貌相比略显突兀。且多是 3 层楼，对传统民居产生压迫感。

　　为了迎合现代人的居住习惯，过于追求标准化的户型，摒弃天井院落式布局，立面与粉墙黛瓦格格不入。

装配式建筑技术

优点

低碳节能环保

　　因大量减少木模和钢管脚手架内支撑，施工产生污水也大量减少，大部分为吊装干作业，用电量和用水量以及现场建筑垃圾大量减少，噪声也大幅减少。

高效率

　　与传统方式相比，工业生产不受恶劣天气影响，工期更为可控，生产效率远远超过手工作业，并且可以标准化大量生产。

高质量

　　主结构的部品件的工厂化大大提升了钢结构建筑质量，构件的垂直度、平整度、混凝土的质量，格构钢筋标准化等都得到了有效控制。因楼层板和墙板采用工厂化预制，装配式吊装施工，实现了标准化、模数化、通用化。通过实测证明，其结构质量等重要指标明显优于传统的结构体系。

生产方式产业化

　　从根本上克服了传统建造方式的不足，打破了设计、生产施工、装修等环节各自为战的局限性，实现了建筑产业链上下游的高度协同。

新型装配式农宅设计要点

1. 设计模数化

　　模数化是建筑工业化的基础，通过建筑模数的控制可以实现建筑、构件、部品之间的统一，从模数化协调到模块化组合，进而使预制装配式建筑迈向标准化设计。在设计过程中注重轴线尺寸的统一，组合形成标准化户型，尽量减少模数化构件的种类，提高建造、生产效率。

2. 套型设计原则

　　遵循模数协调原则，优化套型模块的尺寸和种类。在方案设计阶段，针对当地居民生活行为习惯，按照不同使用功能合理划分，确定套型类别和组合形式。

3. 装配式住宅单元组合规划

　　以安全、经济、合理为原则，考虑施工组织流程，保证各施工工序的有效衔接，提高效率。由于预制构件要在施工过程中运至塔吊所覆的区内进行吊装，因此在总平面设计中应充分考虑运输通道的设置，合理布置预制构件临时堆场的位置与面积等，精确控制构件运输环

节，提高场地使用效率，确保施工组织便捷及安全。

4. 立面设计风格化

　　外墙门窗在满足通风采光的基础上，通过调节门窗尺寸、虚实比例以及窗框分隔形式等设计手法形成一定的灵活性；通过改变阳台、空调板的位置和形状，使立面具有较大的可变性；通过装饰构件的自由变化实现多样化立面设计效果，满足建筑立面风格差异化的要求。

装配式流程

1. 工厂加工

　　首先在工厂对装配构件进行加工，其中包括：①机械制作钢筋笼；②制作不同大小、形状的 PC 模具；③放入事先扎好的钢筋、各类预埋件；④经过加工、验收后浇注混凝土；⑤混凝土蒸汽养护后脱模。

2. 构件运输

　　构件检查合格后入库，按工地的进度装车运送到工地。

3. 开始建造

　　建造过程：①建立基座；②建立钢结构框架；③建立装配式外墙内的预制柱；④建立楼板；⑤建立内外墙；⑥安装预制门窗、楼梯；⑦安装屋顶。

4. 完善细部

5. 建造完成

现场装配

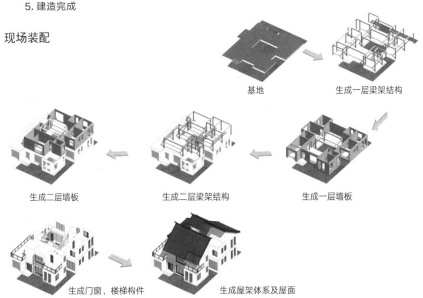

生产方式产业化　→　标准化设计　/　工业化生产　/　装配化施工　/　一体化装修　/　信息化管理

基地　　　　生成一层梁架结构

生成二层墙板　　生成二层梁架结构　　生成一层墙板

生成门窗、楼梯构件　　生成屋架体系及屋面

生态与可持续性分析

新型节能环保生态建筑材料

使用当地丰富的农作物秸秆资源作为原材料，是一项变废为宝、节约资源的有效措施。生态秸秆板本身是天然原料，可循环使用，具有不燃性。相比传统材料保温系数较高，且更加舒适。

光伏太阳能板

把太阳能直接转化为电能，不消耗燃料，不污染环境，不产生噪声，不产生危害人体安全的辐射，是绿色清洁能源。我国太阳能资源较为丰富，近年来太阳能光伏产业蓬勃发展，相关技术也日趋成熟。

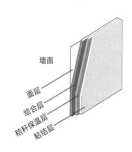

雨水收集装置

农宅内含大面积坡屋顶以及大片绿地，雨水通过屋面和草地被收集起来，经过雨水收集装置体系的过滤、净化，最终可用于厕所、厨房等地方。

垂直绿化

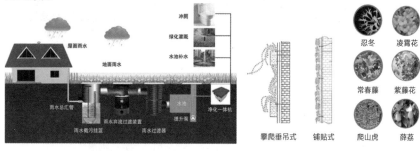

新型装配式农宅模数化探索

该套建筑运用装配式体系建造，建筑整体构件由框架柱、预制混凝土外墙板、预制混凝土内墙板、门窗等装饰部品以及屋顶构成。

外墙板厚200mm，内墙板厚100mm。

墙体模数

采用的模数系列：300mm、600mm、1200mm、1800mm、3300mm

外墙立面与门窗形式及定位

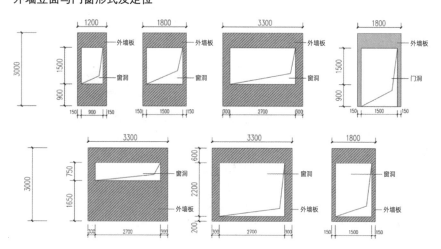

梁架柱四种形式

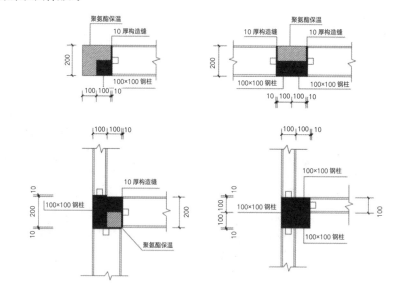

墙板、柱、构造缝平面定位

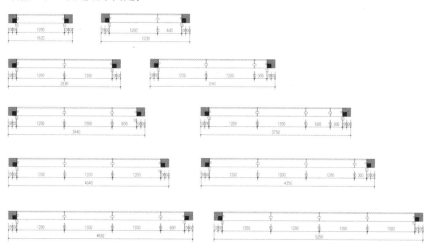

装配技术爆炸分析图

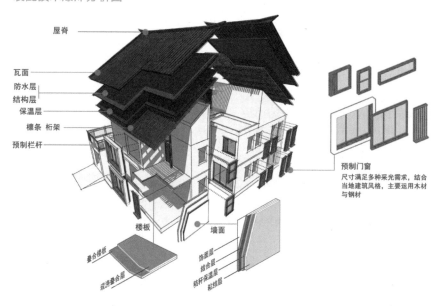

套型展示

根据当地经济结构以及农户现状，设计五种户型供查济村选择使用。其中包括：纯住宅性质、商业性质、旅游性质、商业住宅结合性质。多种使用功能的农宅套型设计，尽可能满足查济村村民的各种需求。

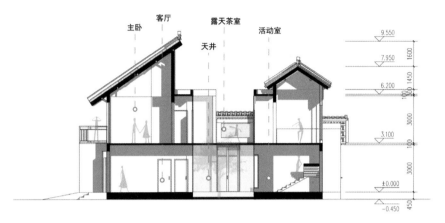

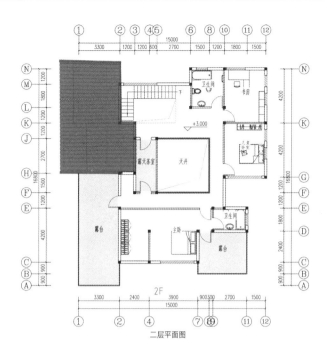

二层平面图

户型分析

五口之家

主要适用于经济条件较好且家庭人员数量较多的家庭。套型平面以天井为中心进行布置。一层起居室、老人卧室朝南，保证了良好的日照和通风条件，同时考虑到了老人上下楼和夜晚如厕不方便的问题，为老人卧室设置独立卫生间；一层东侧为两个客卧，西侧为厨房和开放式餐厅，餐厅还能与天井建立良好的视线联系。

卫生间设置在北侧，方便卧室区的使用，同时一层北侧结合 L 形楼梯设置了两层通高的活动区，主要为孩子提供室内娱乐的空间；该户型还设置了车库，解决了使用者的停车问题。二层的空间相对私密，设置了主卧、儿童卧室以及书房；二层的露台空间还为使用者提供足够的休闲观景空间。

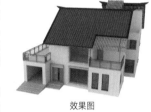

效果图

经济型 A

一层，在标准户型的基础上变化而来。

去掉了北侧活动区和东侧的一个卧室，保留了西侧辅助部分和庭院空间。没有设置车库，空间小而富有变化，适用于有孩子的家庭，包括父母和子女或者老人带孙辈。

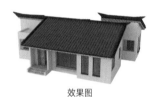

效果图

平面图

经济型 B

一层，在标准户型的基础上变化而来。

去掉了北侧活动区，保留了西侧辅助部分和天井。没有设置车库，相对于经济户型 A 多了老人卧室，适用于三代同堂的家庭。

效果图

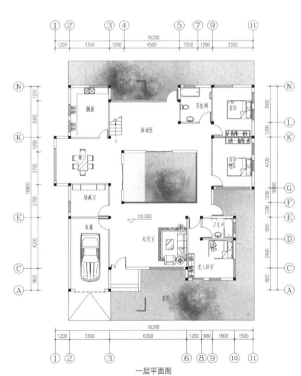

一层平面图

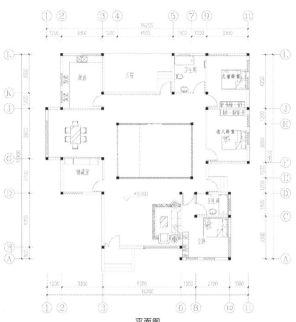

平面图

经营户型

一层，住宅主体部分和经营部分结合布置。

相对于标准户型，将活动区改作起居室，起居室改作经营区，兜售日常用品；保留了西侧辅助部分和庭院空间。考虑到农村经营户多为留守老人，所以仅设置一个房间作为卧室。

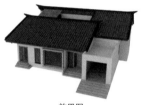

效果图

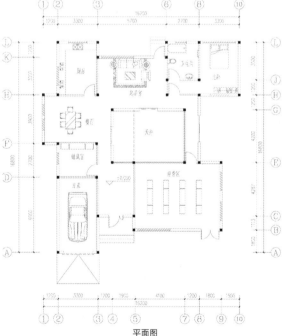

平面图

两层，在标准户型的基础上变化而来。

考虑到查济古村落是一个旅游景区，民宿性质的住宅是不可缺少的一种形式。与标准户型一样，民宿套型平面也是以天井为中心进行布置。根据房间朝向、开间的不同，划分为观景体验各异、使用感受不同的多种客房，一层设置对外餐厅。该套型设置了两部楼梯，一部是靠近南侧的双跑楼梯，一部是结合北侧起居室设置的L形楼梯。

效果图

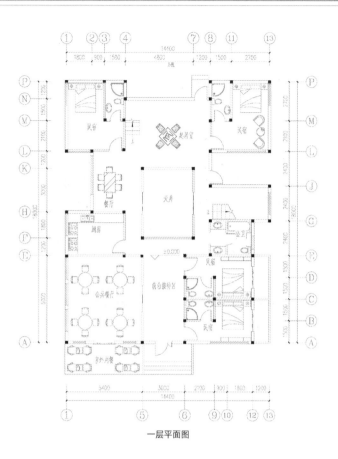

一层平面图

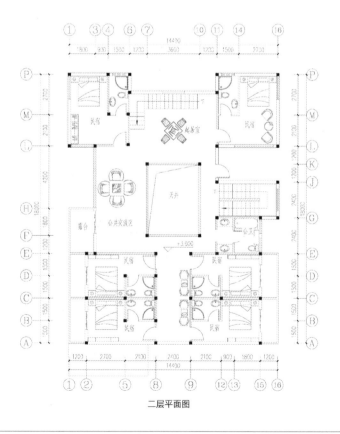

二层平面图

经济技术指标

五口之家
占地面积：346.68m²
建筑面积：339.97m²
包含的空间功能

功能空间名称	间数	面积（m²）
起居室	1	24.4
餐厅	1	16.65
厨房	1	12.71
卧室	5	78.77
书房	1	12.96
活动区	1	16.80
储藏室	1	8.21
卫生间	3	18.45
车库	1	17.98

经济型A
占地面积：346.68m²
建筑面积：137.98m²
包含的空间功能

功能空间名称	间数	面积（m²）
起居室	1	24.4
餐厅	1	14.62
厨房	1	12.94
卧室	2	26.29
储藏室	1	8.31
卫生间	2	13.01

经济型B
占地面积：346.68m²
建筑面积：171.85m²
包含的空间功能

功能空间名称	间数	面积（m²）
起居室	1	24.4
餐厅	1	16.65
厨房	1	13.12
卧室	3	39.41
储藏室	1	8.31
卫生间	2	7

经营户型
占地面积：346.68m²
建筑面积：183.30m²
包含的空间功能

功能空间名称	间数	面积（m²）
起居室	1	16.8
餐厅	1	15.82
厨房	1	12.71
卧室	1	15.39
经营区	1	36.4
储藏室	1	8.21
卫生间	3	7.00
车库	1	17.98

民宿
占地面积：346.68m²
建筑面积：430.72m²
包含的空间功能

功能空间名称	间数	面积（m²）
起居室	2	37.18
公共交流区	1	17.08
餐厅	2	40.37
厨房	1	11.4
卧室	10	154.46
卫生间	12	44.18

功能流线分析

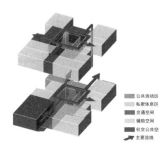

公共活动区
私密休息区
交通空间
辅助空间
社交公共空间
主要流线

剖面分析

以五口之家为例

　　天井为建筑空间带来了更加丰富的体验。同时植入露天茶室和室外活动空间，在以天井为中心的建筑中在每个位置都能拥有多样性的空间感受。人们能在一个更加人性化的环境中与旧时空产生对话。

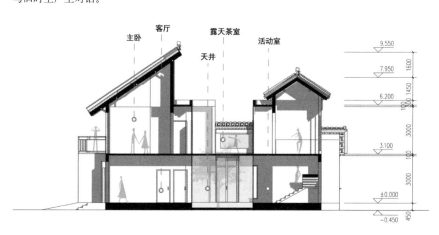

形体生成

以五口之家为例

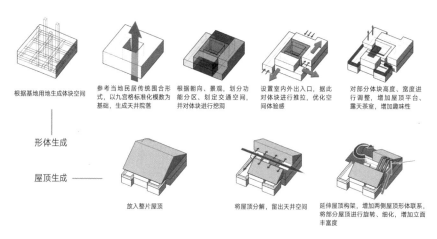

根据基地用地生成体块空间

参考当地民居传统围合形式，以九宫格标准化模数为基础，生成天井院落

根据朝向、景观，划分功能分区，划定交通空间，并对体块进行挖洞

设置室内外出入口，据此对体块进行推拉，优化空间体验感

对部分体块高度、宽度进行调整，增加屋顶平台、露天茶室，增加趣味性

形体生成 →

屋顶生成 →

放入整片屋顶

将屋顶分解，留出天井空间

延伸屋顶构架，增加两侧屋顶形体联系，将部分屋顶进行旋转、细化，增加立面丰富度

单体模型细部展示

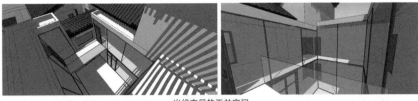

光线充足的天井空间

构筑物产生的光影效果　　　　　　丰富的建筑立面

建筑空间特色分析

以五口之家为例

轴线关系

重要的功能空间入口门厅、客厅、天井以及交通核位于中轴线上

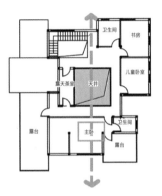

功能关系

传统民居中以中和东面为尊，现代化的农宅中将主卧、老人卧室等房间安排在采光和景观面最佳的位置

围合关系

房间围合天井，形成院落空间，不仅可以成为休闲纳凉的场所，还可以调节住宅内部的小气候

组团概念

组团思路分析

将五种户型进行组合，并规划道路、活动场地与出入口。根据区位特征进行组合，满足商业、住宿多方面要求，在造型上有一定的整体统一性与独特性，形成单个院落式组团，形成新型装配式建筑"社区"。

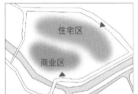

组团分区，确定主次入口、商业区和住宅区　　规划道路，设计入口空间和庭院广场　　细化内部，布置五口之家住宅、经营户住宅、经济型住宅以及民宿

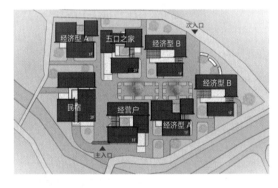

经济型 A×2
经济型 B×2
五口之家 ×1
经营户 ×1
民宿 ×1

经济技术指标：
用地总面积：3548m²
建筑总面积：1573.65m²
容积率：0.44
绿化率：47%

组团模型细部展示

具有韵律和节奏感的屋顶排列

组团意象图

曲径通幽的道路

自然围合出的后院

组团院落活动空间

学校：合肥工业大学　　指导老师：宣蔚　　设计人员：刘纹君　曾丽如　刘婷　张溯真

【望竹里】——装配式农房设计

村落调研

村落区位及交通概况

刘家塆位于湖北省罗田县，处于鄂皖两省三县（英山、罗田、金寨）交界处的大别山脚下，西北面为湖北省省会武汉市，南面为英山县，东南面为安徽省省会合肥市，北面是金寨县。通过几条高速路与铁路均可快速到达这些城市，非常有利于刘家塆与这些城市的旅游资源共享，各城市居民到此休闲度假也非常方便。

村落背景及文化

刘家塆村位于天堂寨景区内，历史悠久，民风淳朴。现存房屋主要有土坯建筑、夯土建筑、水泥砖建筑、毛石建筑等类型。

聚族而居、精耕细作的农业文明孕育了内敛式自给自足的生活方式及其文化传统、乡村管理制度等，与今天提倡的和谐、环保、低碳的理念不谋而合。

天堂寨民俗文化以其古朴和充满浓郁的乡土气息而为世人所瞩目。每年农历六月六定期举行大型民俗表演，具有地域特色的有：打花棍、接姑娘、唱台戏等。

天堂寨的美食种类繁多，原料取之于大别山的山水所产，具有野、土、绿、特的特点；其中最具有代表性的当属吊锅和小吊酒，同时还有喜宴十大碗、将军宴等饮食形式。

村落环境

刘家塆在一个东西南三面为山的山谷中——环谷皆山，参松翠竹，郁郁葱葱。东面两条流水，自南向北绕村而过，西面有一条主要的溪流，称为"龙井河"，是下游天堂河的源头。

山林

田地

山林是村庄景观与环境的重要元素，刘家塆三面环山，共有山林40亩，山林中植物种类繁多，景观层次丰富，其中以竹林和木梓树林为主。

刘家塆现有田地80余亩，均为山坡地上沿等高线方向修筑的条状阶台式梯田，部分现已荒废。

水系

垃圾收集

现有两条主要水流从村边穿过，其中东侧的一条水流上游建有水坝，为下游农田灌溉用水和村庄的主要生活用水来源；另外村内有两个水塘。

在主要道路边和村内设置了几个简陋的垃圾收集点，极不美观，而且气味难闻。在其他道路旁没有设置垃圾箱。

道路

电力系统

现有的主要入村道路已被拓宽，山林中现均为土路，雨雪天气时不便通行且危险性高。

村内强电线路系统混乱，现有的电线杆架设位置缺乏规划，主要线路和入户线路随意搭接，影响景观效果的同时还存在极大的安全隐患。

排水系统

公共厕所或猪圈

村中没有统一规划的排水系统，只有几条很原始的水渠供村民排污，极易造成村庄的环境污染和疾病传播，现有的设施已经远远无法适应村民现在的生活需求。

村内没有公共厕所，在村子主体的北面散落着一些简易的户外旱厕，影响村口处景观；村内猪圈一般靠近房屋，为简易的木棚，是村中蚊蝇滋生的最主要场所，严重影响村庄的公共卫生。

屋顶结构   夹层置物架

柴火堆放

村内的建筑主要有土坯建筑、毛石建筑、夯土建筑、水泥砖建筑等，建筑类型丰富，其中传统的土坯建筑在村子内占大多数，此类建筑利用泥土良好的吸热放热功能，实现了冬暖夏凉的功能。村子内部房屋主要为"明三暗五"的布局。房屋内部会在坡屋顶建造夹层，主要用来储放日常的农具等生产工具，屋顶结构主要为墙承檩式结构。

村落房屋现状

土坯建筑

毛石建筑

水泥砖建筑

夯土建筑

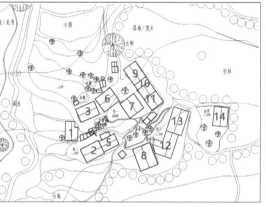

1号房屋
保存状况：良好；
现状条件：入口区域，视线中等；
面积：13×9=117m²；
高：檐口 4m/ 屋脊 5.8m；
建筑类型：土坯建筑；
开间数：3

卧室

厨房

储藏间

2号房屋
保存状况：良好；
现状条件：入口区域，视线中等；
面积：14×10=140m²；
高：檐口 4m/ 屋脊 6m；
建筑类型：土坯建筑；
开间数：3

3号房屋
保存状况：良好；
现状条件：入口区域，视线较好；
面积：14×9.5=133m²；
高：檐口 3.9m/ 屋脊 6.0m；
建筑类型：土坯建筑；
开间数：3

4号房屋
保存状况：差；
现状条件：面积较小、杂物间；
面积：5×12=60m²；
高：屋脊 3.6m；
建筑类型：土坯建筑；
开间数：1

11 号房屋
保存状况：好；
现状：部分扩建；
面积：10×9=90m²；
高：檐口 4.2m/ 屋脊 6.4m；
建筑类型：土坯建筑；
开间数：2

12 号房屋
保存状况：较好；
面积：15×17=198m²；
高：檐口 3.6m/ 屋脊 5.8m；
建筑类型：土坯建筑；
开间数：3

5 号房屋
保存状况：较好；
现状条件：完整；
面积：12×8=96m²；
高：檐口 4m/ 屋脊 6m；
建筑类型：土坯建筑；
开间数：3

6 号房屋
保存状况：较好；
现状条件：砖砌；
面积：13×11=143m²；
高：檐口 3.3m/ 屋脊 6.2m；
建筑类型：土坯建筑；
开间数：3

13 号房屋
保存状况：较好；
面积：11×17=187m²；
高：檐口 3.8m/ 屋脊 6m；
建筑类型：水泥砖建筑；
开间数：4

14 号房屋
保存状况：差；
现状条件：交通不便利，视野较好；
面积：10×13=130m²；
高：檐口 3.7m/ 屋脊 6.3m；
建筑类型：土坯建筑；
开间数：3

7 号房屋
保存状况：较好；
现状：部分扩建；
面积：12×12=144m²；
高：檐口 3.3m/ 屋脊 6.3m；
建筑类型：水泥砖建筑；
开间数：3

8 号房屋
保存状况：较差；
现状：前屋和后屋屋顶部分破损；
面积：13×16=208m²；
高：屋脊 3.5m；
建筑类型：水泥砖建筑；
开间数：3

村落建筑现状总结

基础数据	1号房屋	2号房屋	3号房屋	4号房屋	5号房屋	6号房屋	7号房屋	8号房屋	9号房屋	10号房屋	11号房屋	12号房屋	13号房屋	14号房屋
面积	13×9 =117m²	14×10 =140m²	14×9.5 =133m²	5×12 =60m²	12×8 =96m²	13×11 =143m²	12×12 =144m²	13×16 =208m²	13×10 =130m²	12×10 =120m²	10×9 =90m²	15×17 =198m²	11×17 =187m²	10×13 =130m²
檐口高度	4m	4m	3.9m		4m	3.3m	3.3m				4.2m	4.2m	3.6m	3.8m	3.7m
屋脊高度	5.8m	6m	6m	3.6m	6m	6.2m	6.3m	3.5m	3.8m	6.4m	6.4m	5.8m	6m	6.3m
建筑类型	土坯+毛石建筑	土坯建筑	土坯建筑	土坯建筑	土坯建筑	土坯建筑	水泥砖建筑	水泥砖建筑	水泥砖建筑	水泥砖+毛石建筑	土坯建筑	土坯建筑	水泥砖建筑	土坯建筑
开间数	3	3	3	1	3	3	3	3	4	3	2	3	4	3
空间布局	明三暗五	明三暗五	明三暗五	单屋式	明三暗五	明三暗五	明三暗五	明三暗五			明三暗五	明三暗五	明三暗五		明三暗五
结构形式	墙承檩式	梁架式	墙承檩式	墙承檩式	梁架式	墙承檩式	墙承檩式	墙承檩式	梁架式	墙承檩式	墙承檩式	墙承檩式	墙承檩式	墙承檩式

9 号房屋
保存状况：好；
现状：部分扩建；
面积：13×10=130m²；
高：屋脊 3.8m；
建筑类型：水泥砖建筑；
开间数：4

10 号房屋
保存状况：好；
现状：部分扩建；
面积：12×10=120m²；
高：檐口 4.2m/ 屋脊 6.4m；
建筑类型：水泥砖加毛石建筑；
开间数：3

1. 调研的 14 栋房屋中，当地的基本房屋尺寸在 10m×15m 左右，因此选择基地大小为 13m×15m 左右的场地进行建筑设计。

2. 在檐口的高度方面，基本保持在 4m 左右的高度，屋檐的高度保持在 6m 左右。新的房屋会考虑原有的情况进行适度调整。

3. 当地的建筑类型主要以土坯建筑为主，有部分水泥砖建筑，因此在设计时，根据土坯砖的大小以及比例进行适度设计。

4. 整个村子的房屋开间数基本保持在 3 个开间，有少部分为 4 个开间，在设计时，保留了传统三开间的布局。

5. 空间布局方面，充分尊重当地传统的"明三暗五"布局，在此布局上进行适度调整，做出最符合现代新型农房设计的布局。

6. 当地的结构形式主要为墙承檩式，因此在设计时，充分尊重当地一些建筑的尺度，设计出最适合的在地性建筑。

方案设计

效果图

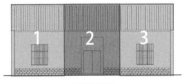
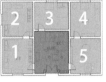

三开间格局   明三暗五布局   墙承檩式结构

平面图

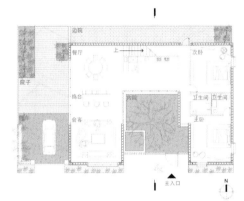
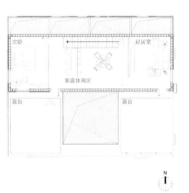

一层平面图   二层平面图

测绘房屋图纸

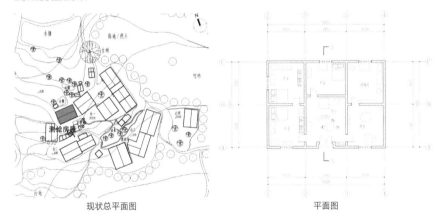

现状总平面图   平面图

爆炸图 + 方案生成

爆炸图

原型拓展

平面拓扑

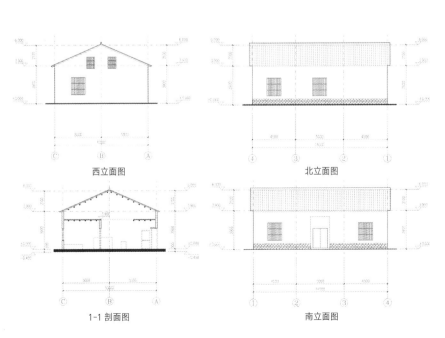

西立面图   北立面图

1-1 剖面图   南立面图

屋顶
屋架
外墙装饰板
二层墙体
井字式楼板
外墙装饰板
一层墙体
外墙装饰板
基础
院落围墙

体块拓扑

功能布局

● 户外院子空间　● 餐厅吧台空间　● 主次卧室空间　● 竖向交通空间
● 会客休闲空间　● 厨房储藏空间　● 盥洗卫生空间　● 边院侧院空间

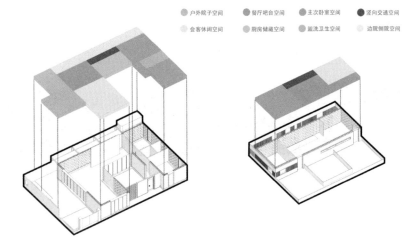

动线分析

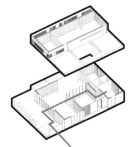

父母车行归家动线　　　　孩童步行归家动线　　　　老人步行归家动线

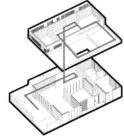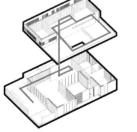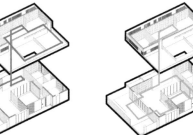

休闲会客空间动线　　　　农作物晾晒动线　　　　餐饮厨房空间动线

剖面及视线分析

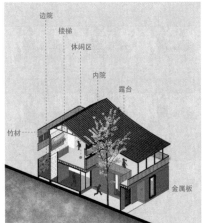

边院
楼梯
休闲区
内院
露台

竹材
金属板

剖透视

视线分析

立面图

南立面图　　　　　　　　　　东立面图

北立面图　　　　　　　　　　西立面图

绿色节能

院落形态

院子　内院　入口边院　侧院

通风

日照分析

装配式说明

农房体系介绍

装配式梁柱 + 木质砌块结构

房屋的主要结构为木构件搭建起的梁柱结构，辅助以木质砌块。木结构建造速度快、可塑性强、自重较轻，适宜建造。

构配件可用固定模具生产，小型公司或大型公司均可生产，产品生产简易，便利性强。

建筑可组装性强，施工速度快，可不断重复，自由增添所需空间，为后期加建等提供了一定的可操作性。

农房施工流程

施工流程

① 型钢基础固定

螺旋地桩与地梁相互结合，构成房屋基础，组合房屋的木柱

② 砌块拼接筑墙

在组合木柱中间填充木质砌块，组合成房屋的围护结构

③ 楼板咬合搭接

将木质楼板构件单元装配到墙体结构上，形成楼板

④ 二层砌块筑墙

在楼板上不断向上砌筑，构成二层墙体

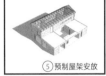

⑤ 预制屋架安放

预制好的梁架单元搭接在二层的主梁上，组成屋架系统

⑥ 机制瓦面铺设

将选好的瓦片以及防水材料等铺贴在屋顶望板上，形成屋面体系

⑦ 外墙材料保护

在外墙面进行外立面的装饰以及门窗安装等工作，形成"墙体三明治"结构

⑧ 周边院墙围护

在房屋周围修建围墙等，形成自有的院落体系

农房基础介绍

螺旋地桩

螺旋地桩是一种新型的基础建筑材料，部分可用来替代传统钢筋混凝土浇筑施工工艺，使得建筑基础更加灵活、快速。它省去了地面平整、废土处理及挖掘等施工成本，可以很广泛的应用于各行各业的基础施工。

1. 构造优势

螺旋地桩以回旋的方式打入地下，因此土壤不易松动，可以很好地利用土壤本身条件。从螺旋地桩的叶片构造来看，其具备不错的抗拉拔力和插入抓地力。

2. 简单高效

作为新型的地基基础工艺，螺旋地桩具有施工方便、周期短、受施工环境影响小、不破坏当地环境、便于迁移和回收等突出优点。

3. 成本低廉

相比混凝土的支模、钢筋捆扎、浇筑、预埋锚筋、养护、拆模、基土回填等工序，螺旋地桩只需要定位和打桩，材料和人工成本可以节约 2/3。

4. 全天候施工

受环境影响小，在大多数气候条件下都可以施工，比如下雨、下雪等天气。

基础结构

主梁
次梁
螺旋桩

H 钢
尺寸：100mm×150mm；
功能：作为地梁的主梁

矩形钢
尺寸：90mm×60mm；
功能：作为地梁的次梁

螺旋桩
尺寸：长 1600mm，
直径 80mm；
功能：作为桩基

节点一　　节点二　　节点三　　节点四

整个基础体系，主要由螺旋桩作为主要的桩基系统，在法兰盘上，用 H 钢作为主地梁，矩形钢作为次地梁，承担起整个房屋的基础。整个地梁部分离地 300mm，防止钢材受潮腐蚀。

砌块的构成

墙体构成

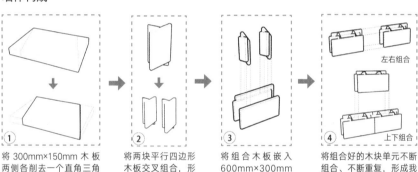

① 将 300mm×150mm 木板两侧各削去一个直角三角形，切割成平行四边形

② 将两块平行四边形木板交叉组合，形成一个组合木板

③ 将组合木板嵌入 600mm×300mm 的木板中，并固定

④ 将组合好的木块单元不断组合、不断重复，形成我们的建筑墙体

左右组合
上下组合

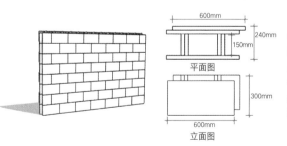

600mm
240mm
150mm
平面图

600mm
300mm
立面图

靠墙内侧增加一层木板，向右上角部分偏移 50mm，刚好能够与另一个单元模块进行组合，内部每一个平行四边形的角，也刚好与另一个构件紧紧卡死，组成牢不可摧的墙体结构。

麻丝

将木质砌块制造过程中的产生的木屑进行回收，或将价格比较低廉的麻丝填充到砌块的空腔中，起到一定的保温隔热作用。

木柱构成

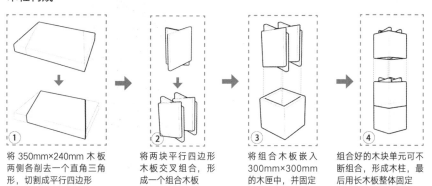

① 将350mm×240mm木板两侧各削去一个直角三角形，切割成平行四边形

② 将两块平行四边形木板交叉组合，形成一个组合木板

③ 将组合木板嵌入300mm×300mm的木匣中，并固定

④ 组合好的木块单元可不断组合，形成木柱，最后用长木板整体固定

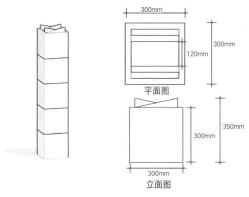

平面图

立面图

运用300mm×300mm的木质构件不断搭接，形成立柱，并利用咬合的齿牙进行固定，使整个柱子固定为一体。

整个木柱主要借助团队研发的木板组合体系，由小及大，运用木板组合成单元，并不断复制，生成木柱。因地制宜，充分利用所建造建筑本地的木材进行防腐处理后，加工成我们需要的构件，进行组装、拼接。

楼板的构成

楼板构成

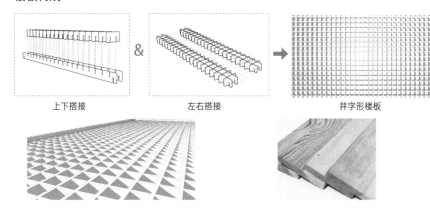

上下搭接 & 左右搭接 井字形楼板

不断的搭接组合，形成井字形结构，不断重复的方形网格，即可形成稳定的楼板结构，方格形的重复呈现出绚丽的光影，作为二层的楼板，即一层的顶棚。

在材料的选择上，采用较为牢固的实木板进行拼接，互相嵌插，形成稳定的楼板结构，同时又展现出精巧细致的木质格网，保证结构的同时，也给室内带来比较素朴的质感。

农房墙体及屋顶材料

墙体材料

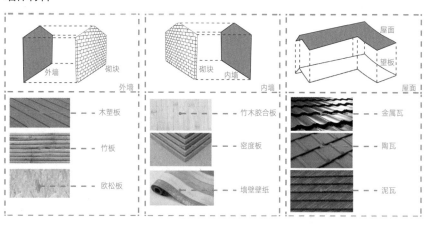

外墙　砌块　外墙

砌块　内墙　内墙

屋面　塑板　屋面

木塑板　竹木胶合板　金属瓦

竹板　密度板　陶瓦

欧松板　墙壁壁纸　泥瓦

外墙主要采用木塑板、当地特产的竹板、欧松板等材料进行防腐处理，使材料能够经受住室外的各种恶劣天气；室内主要采用竹木胶合板、密度板、壁纸等材料，可根据实际需求选择；屋面主要选用金属瓦、陶瓦、泥瓦等类型。墙体与屋面材料可选用几种不同材料，建造时依据实际情况，搭配出不同风格的房子，增强了房屋风格的可选择性。

关键构造节点

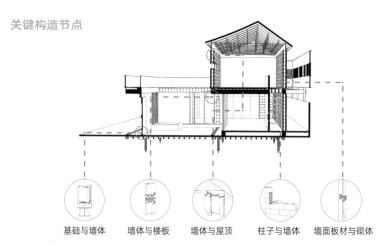

基础与墙体　墙体与楼板　墙体与屋顶　柱子与墙体　墙面板材与砌体

装配式农房总结

1. 采取预制化、装配式的工业建造模式，砌块结构类建筑，大大降低了施工的时间与施工成本，减少了建筑垃圾的产生。

2. 预制完成的模块运到现场后，当地村民互相协作，即可开始进行建造作业，可施工性强。

3. 全部干作业施工，不受环境的影响，大大缩短了工期。

学校：华中科技大学　　　指导老师：谭刚毅　　　设计人员：李登殿　刘则栋　邓原

【皖美装配】——皖中地区农村轻钢装配式农房设计

基础调研篇

皖中地区传统村落人居环境现状

皖中地区简介

自然地理条件：横跨多条山脉，丘陵为主。属亚热带季风气候，四季分明，气候温和，雨量适中，春温多变，秋高气爽，梅雨显著，夏雨集中。

人文环境：皖中江淮文化，民风淳朴。

典型皖中村落航拍

调研地区航拍

建筑特点：

看重水系，平面聚落形态可以分为"九龙攒珠"和圩堡等形式，其中"九龙攒珠"式又可分为平行式、放射式和剪刀式。

街巷空间呈"封闭内聚"和"开放通达"的特点。

聚落的空间序列一般遵从沿河成街、因水得镇、临水建屋。

皖中江淮式院落建筑形态：因地处南北方界，皖中地区吸取了南北方建筑特色，这里既有南方天井，又有北方院落，兼容并收。

皖中建筑结构多为抬梁与穿斗式结构，以木结构承重，青砖和红砖形成围护结构。

建筑装饰元素：多承袭南北特色，皖南马头墙元素在皖中（如三河古镇）也得到了充分的应用。

1. 皖中村落张老圩航拍　　　　2. 皖中村落刘老圩航拍

3. 皖中村落张新圩航拍　　　　4. 皖中村落齐咀村航拍

问卷数据分析

村民基本情况分析：

共发放问卷 21 份，全部为有效问卷。

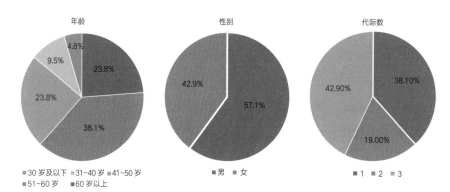

- 年龄
  - 30 岁及以下 ■ 31~40 岁 ■ 41~50 岁
  - 51~60 岁 ■ 60 岁以上
- 性别
  - 男 ■ 女
- 代际数
  - 1 ■ 2 ■ 3

年龄：

现状老龄化较为严重，60 岁以上老年人约占 23.8%；51~60 岁之间的老年人占比约为 38.1%；青壮年大多外出务工，比例较少，41~50 岁之间的人数约占 23.8%，而 31~40 岁的青壮年仅占 9.5%，30 岁及以下的年轻人仅占 4.8%。

性别：

在对村民进行调查时，男性接受问卷调查比例稍高。男性占比 57.1%，女性占比 42.9%。

代际数：

代际数为 1 代和 3 代的分别占比 42.9%、38.1%；代际数为 2 代的占比最少，为 19%。

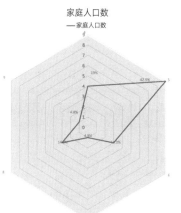

家庭人口数

——家庭人口数

家庭人口数：

在对村民基本情况调研中发现，家庭人口数比例最高的为 5 人，占比大约为 42.9%。

家庭人口数为 4 人、5 人、6 人、7 人、8 人、9 人的比例分别为 9.1%、10.2%、7.9%、6.3%、7.2%。

常住人口 8 人及以上的比例较低，为 3.2%。

通过对家庭人口数进行分析，设计出能满足该地区绝大多数代际需求的建筑空间，并在装配式建筑的基础之上，考虑适老化建筑设计。

家庭人口数	4 及以下	5	6	7	8	9 及以上
人数	4	9	3	1	3	1
百分比	19%	42.9%	14.3%	4.8%	14.3%	4.8%

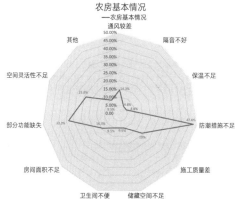

农房基本情况

——农房基本情况

房屋存在问题：

在对村民进行调研走访的过程中，发现通风较差、防潮措施不足、施工质量差、部分功能缺失与空间灵活性不足是房屋存在的主要问题，分别占比 14.3%、47.6%、19%、33.3%、23.8%。居住村民多为老年人，防潮保温将作为设计重点；同时大部分房屋缺乏私人卫生间，居民上厕所需要到上百米开外的公共卫生间。

储藏空间不足、卫生间不便等也是目前较多房屋存在的问题，分别占比 9.5%、9.5%。在未来设计中也应当重视相关方面的设计。

房屋问题	通风较差	隔音不好	保温不足	防潮措施不足	施工质量差	储藏空间不足	卫生间不便	房间面积不足	部分功能缺失	空间灵活性不足	其他
人数	3	1	1	10	4	2	2	3	7	5	2
百分比	14.3%	4.8%	4.8%	47.6%	19%	9.5%	9.5%	14.3%	33.3%	23.8%	9.5%

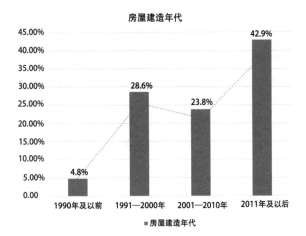

建造年代：

在对现状房屋进行调研的过程中发现，现状房屋大多建于 2011 年之后，比例达到 42.9%，调研区域主要集中在合肥周边地区，现代民居较多，在传统民居特色方面有所欠缺，但在现代民居的适应性方面有很大的参考价值。

建造年代在 1991—2000 年、2001—2010 年的房屋分别占比 28.6%、23.8%；

建造于 1990 年及以前的建筑较少，所占比例为 4.8%。

建造周期：

多数建筑建造周期在半年左右，所占比例最高约为 23.8%。

周期在 7~12 个月、13~18 个月、19 个月及以上的农房占比相同，均为 19% 左右，个别调查对象不能确定自建房屋所建周期。

房屋的建造周期是一项重要的指标，影响着房屋整体的造价与质量等，对未来装配式房屋的建造周期的思考产生一定的影响。

现状问题总结

存在问题类型		具体问题
功能使用	平面布局	平面布局不合理
	空间使用	空间使用混乱，功能布局混乱，缺少收纳空间； 庭院较小，缺乏合理设计，主要用来堆放杂物，散养家禽
	采光通风	房间进深较大，窗户较小，房间较为昏暗，窗地比不符合标准，部分房间无窗； 由于窗户较小，且无对流风，通风效果不佳
	建筑空置	现状调研部分房屋无人居住，多外迁或去子女家，导致部分建筑年久失修，有倒塌风险，存在安全隐患
	建筑倒塌	部分建筑倒塌，无人管理，存在较大安全隐患
	缺少功能	房屋缺少卫生间、餐厅等功能空间
立面外观	立面风貌	新建建筑，房屋改建缺乏统一管理，建筑风格不统一，色彩不协调
	立面造型	立面上造型盲目追求现代化，缺少本土特色，"纷杂化"的造型与当地历史文化、自然生态环境不协调
	立面色彩	立面色彩无指导设计，缺乏色彩控制，色彩跳跃大，影响建筑风貌
结构支撑	结构类型	农村住宅一般无建筑师参与，大部分为村民自建，建筑材料为当地选材，部分结构受力不合理
施工建造	结构设计	施工随意度大，无正规图纸，多靠工匠经验总结，结构存在不合理之处
	施工质量	施工人员技术水平低，质量得不到保证，缺乏基本的建筑施工知识
低碳节能	围护结构热工性能差	墙体、屋顶、门窗等围护结构隔热以及气密性差
	可再生能源利用率低	太阳能热水器安装杂乱无章；太阳能光伏板应用少，沼气及其他可再生能源如土壤地热能利用率低
	经济投入少	建筑节能方面投入资金少，缺少政府资金支持
	节能意识弱	村民节能意识差，对建筑节能相关措施了解程度不高

装配式农房的必要性

降低施工成本 　　　　构件都在工厂生产，相当于标准的产品，控制产品质量，节约相关材料。

施工进度快 　　　　标准产品直接到现场进行安装，减少现场施工强度，也可省去砌筑和抹灰工序，缩短整体工期。

环境友好 　　　　构件工厂化生产，施工现场建筑垃圾减少，利于环保。

保证建筑质量 　　　　建筑质量高，工厂建造精度高，保证设计质量。

减少劳动力 　　　　提高机械化程度，减少现场施工人员，节约用工成本，同时利于安全生产。交叉作业可以方便有序进行。

普遍装配式农房基础上所做的创新性设计

色彩的协调与统一

抽取当地建筑色彩，选取典型建筑色彩运用到装配式农房设计中去，协调建筑风貌。

建筑风格贴近本土化

提取当地建筑风格，运用到装配式农房设计中去，如屋顶形式、建筑布局形式，开窗方式等。

建筑更加节能绿色

让装配式农房更加绿色，除太阳能真空热水器外，增设太阳能光伏板、沼气池、地源热泵等新型建筑节能措施。

建筑充分考虑当地居民的生活习惯、风俗

在对空间进行模数化设计时，考虑当地居民使用习惯，如堂屋、卧室面积，房间长宽比，特殊生活习俗等。

皖中地区建筑风貌

建筑平面特征

形式	平面示意	功能秩序
单进式（庭院式）	厢房 / 厅堂 / 厢房 / 庭院	厢房—厅堂—厢房 / 庭院
单进式（边院式）	厢房 / 厅堂 / 院落 / 院落 / 厢房 / 厅堂	厢房—厅堂—院落 / 院落—厢房 / 院落—厅堂
多进式（天井—院落）	院落 / 厅堂 / 厢房—天井—厢房 / 厅堂	院落—厅堂 / 厢房—天井—厢房 / 厅堂

综述： 皖西地区建筑吸取皖南、江西等地区建筑风格特色，同时六安地区建筑面积比皖南稍大，天井空间更加开阔。开间较小，进深较大。

轴线： 六安地区将多种文化兼容并收，建筑既包含南方的天井，亦包含北方的合院。往往厅堂位于序列开展的轴线之上，布局紧凑而精巧。

院落式民居： 以院子为中心，围绕其布置不同的功能房间，建筑局部两层形成高低错落之感。

边院式民居： 往往是由于住户后期使用功能需求加建房屋而形成，多为生活院落。

天井—院落式民居： 结合了多处民居特色，以庭院—天井串联整个建筑序列，形成厅堂—天井—厅堂—院落的中轴秩序。

皖中地区建筑风貌

平面虚实形态关系

续表

形式	单院落式				多院落式	
	口形	L形	对角形	コ形	一+L形	一+对角形
平面示意	院落	院落	院落	院落 院落	院落 院落	院落 院落
特点	半包围结构 形成规整边院	半包围结构 形成规整边院	夹抱结构 形成不规整内院	半包围结构 形成规整内院	夹抱结构 形成规整内院 及规整边院	夹抱结构 形成不规整内院

皖中地区建筑风貌

屋顶形式

屋顶

名称	平屋顶	硬山顶	悬山顶	双坡（庑殿顶+战脊起翘）
图例				
材质	混凝土	平瓦	蝴蝶瓦	波形钢板
颜色				
	青灰色	砖红色	深灰色	湖蓝色

立面形式

屋顶轮廓组合关系

组合形式	平屋顶叠落	坡屋顶前后叠落	坡屋顶左右叠落	坡屋顶多方向叠落	平屋顶坡屋顶相接
图例					
图示					

墙体要素

名称	色彩				材质				
	土黄色	深咖色	灰色	米白色	青砖	混凝土	木材	抹灰	夯土
图例									

建筑风貌要素提取

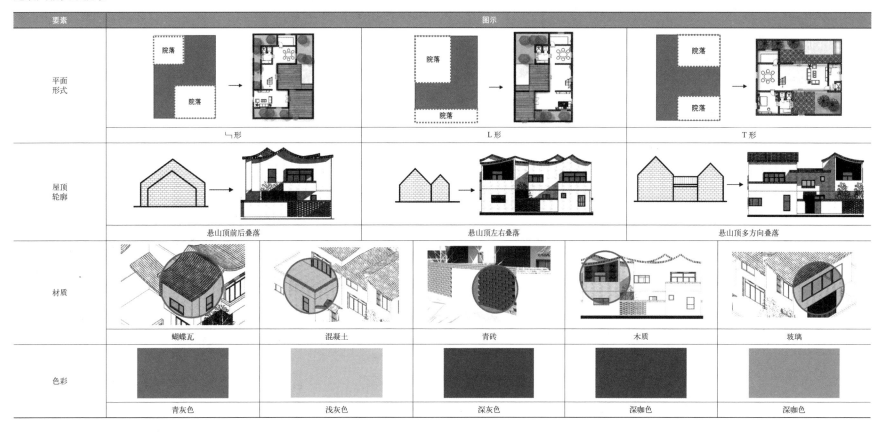

要素	图示		
平面形式			
	匚形	L形	T形
屋顶轮廓			
	悬山顶前后叠落	悬山顶左右叠落	悬山顶多方向叠落
材质	蝴蝶瓦 / 混凝土 / 青砖 / 木质 / 玻璃		
色彩	青灰色 / 浅灰色 / 深灰色 / 深咖色 / 深咖色		

皖中地区代表农房测绘图纸

一号农房建筑实测

现状照片

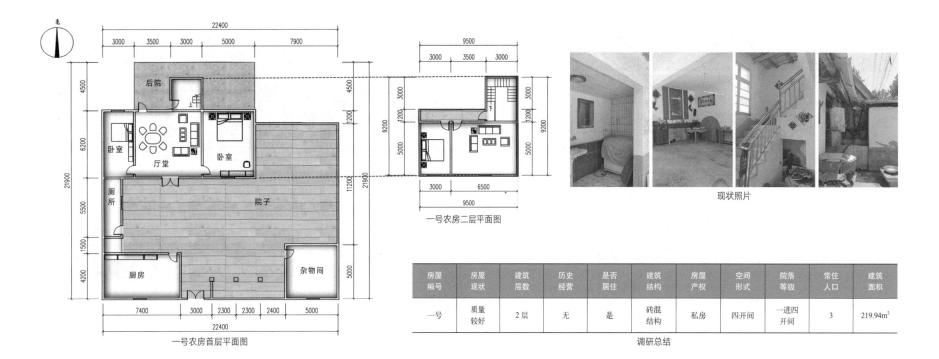

一号农房首层平面图

一号农房二层平面图

现状照片

房屋编号	房屋现状	建筑层数	历史经营	是否居住	建筑结构	房屋产权	空间形式	院落等级	常住人口	建筑面积
一号	质量较好	2层	无	是	砖混结构	私房	四开间	一进四开间	3	219.94m²

调研总结

二号农房建筑实测

二号农房首层平面图

二号农房二层平面图

现状照片

房屋编号	房屋现状	建筑层数	历史经营	是否居住	建筑结构	房屋产权	空间形式	院落等级	常住人口	建筑面积
二号	质量较好	2层	无	是	砖混结构	私房	三开间	一进三开间	4	230.96m²

调研总结

三号农房建筑实测

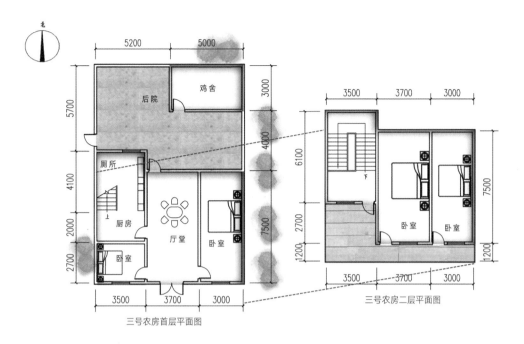

三号农房首层平面图　　　三号农房二层平面图

现状照片

调研总结

房屋编号	房屋现状	建筑层数	历史经营	是否居住	建筑结构	房屋产权	空间形式	院落等级	常住人口	建筑面积
三号	质量较好	2层	无	是	砖混结构	私房	三开间	一进三开间	2	225.02m²

四号农房建筑实测

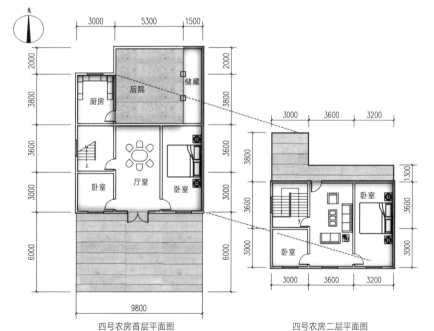

四号农房首层平面图　　　四号农房二层平面图

现状照片

调研总结

房屋编号	房屋现状	建筑层数	历史经营	是否居住	建筑结构	房屋产权	空间形式	院落等级	常住人口	建筑面积
四号	质量较好	2层	无	是	砖混结构	私房	三开间	两进三开间	3	143.32m²

五号农房建筑实测

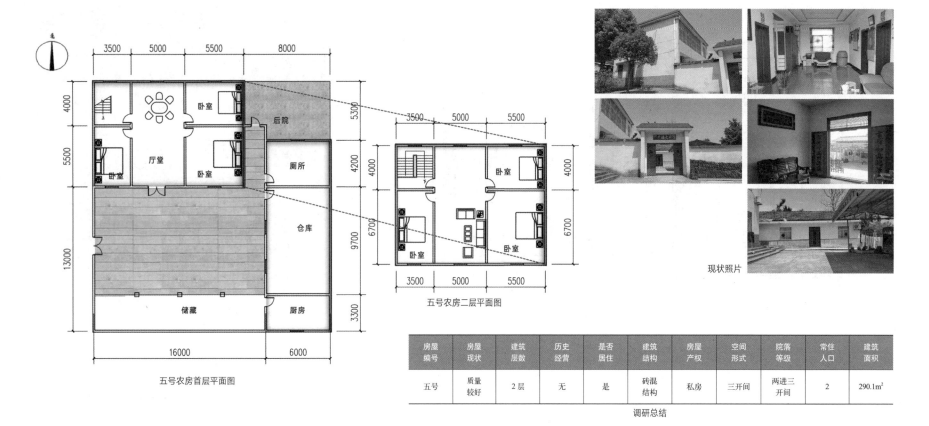

五号农房首层平面图

五号农房二层平面图

现状照片

房屋编号	房屋现状	建筑层数	历史经营	是否居住	建筑结构	房屋产权	空间形式	院落等级	常住人口	建筑面积
五号	质量较好	2层	无	是	砖混结构	私房	三开间	两进三开间	2	290.1m²

调研总结

六号农房建筑实测

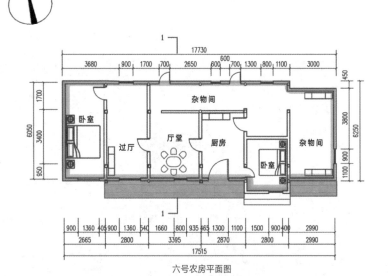

六号农房平面图

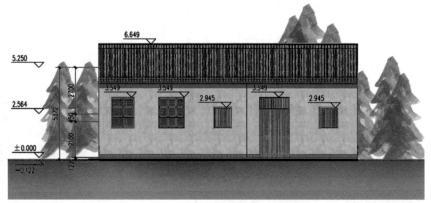

六号农房南立面

房屋编号	房屋现状	建筑层数	历史经营	是否居住	建筑结构	房屋产权	空间形式	院落等级	常住人口	建筑面积
六号	质量一般	1层	无	是	砖土结构	公房	四开间	无	1	95.11m²

调研总结

现状照片

七号农房建筑实测

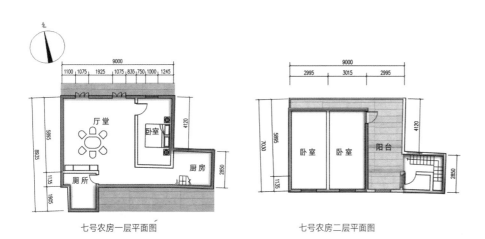

七号农房一层平面图　　　　　　　　七号农房二层平面图

七号农房沿街立面图

现状照片

房屋编号	房屋现状	建筑层数	历史经营	是否居住	建筑结构	房屋产权	空间形式	院落等级	常住人口	建筑面积
七号	质量完好	局部2层	无	是	砖结构	私房	三开间	无	1	165.37m²
调研总结										

八号农房建筑实测

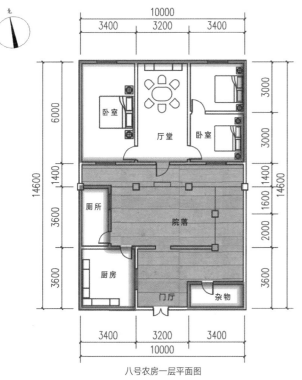

八号农房一层平面图

现状照片

房屋编号	房屋现状	建筑层数	历史经营	是否居住	建筑结构	房屋产权	空间形式	院落等级	常住人口	建筑面积
八号	质量一般	一层	无	是	砖混结构	私房	一进三开间	较完整	3	148.02m²
调研总结										

新型农房设计篇

基础图纸

效果图

鸟瞰图

总平面图

户型 A 图纸

独栋式户型 A 轴测图

户型A			
基本间		面积（m²）	个数
楼梯间模块		27	1
卫生间模块	a	12.15	1
	b	11.34	2
厨房模块		12.15	1
卧室模块		18.9	3
堂屋模块		23.94	1
总计		154.62	9

户型 A 平面图

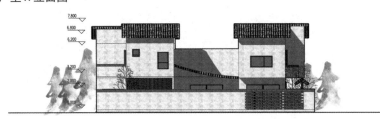

独栋式户型 A 一层平面　　独栋式户型 A 二层平面

户型 A 立面图

独栋式户型 A 后侧面图

独栋式户型 A 正立面图　　独栋式户型 A 后立面图

户型 B 图纸

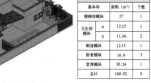

独栋式户型 B 轴测图

户型B			
基本间		面积（m²）	个数
楼梯间模块		27	1
卫生间模块	a	12.15	1
	b	11.34	2
厨房模块		12.15	1
卧室模块		18.9	3
堂屋模块		30.24	1
总计		160.92	9

户型 B 平面图

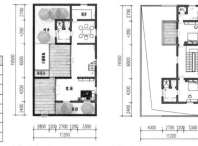

独栋式户型 B 一层平面图　独栋式户型 B 二层平面图

户型 B 立面图

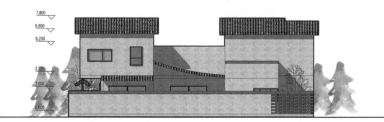

独栋式户型 B 后侧面图

独栋式户型 B 正立面图　　　独栋式户型 B 后立面图

户型 C 图纸

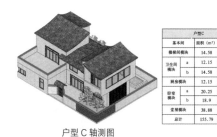

户型 C 轴测图

户型C			
基本间		面积（m²）	个数
楼梯间模块		14.58	1
卫生间模块	a	12.15	3
	b	14.58	1
厨房模块		12.15	1
卧室模块	a	20.25	1
	b	18.9	3
堂屋模块		38.88	1
总计		155.79	11

户型 C 平面图

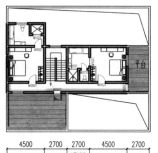

独栋式户型 C 二层平面　　　三卧别墅一层平面

户型 C 立面图

独栋式户型 C 后立面

独栋式户型 C 正立面

户型 D 图纸

并联式户型 D 轴测图

并联式户型 D 一层平面

并联式户型 D 二层平面

户型 D 立面图

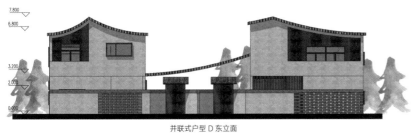

并联式户型 D 东立面

并联式户型 D 西立面

户型 E 图纸

并联式户型 E 轴测图

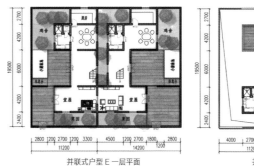

并联式户型 E 一层平面

并联式户型 E 二层平面

户型 E 立面图

并联式户型 E 西立面

并联式户型 E 东立面

装配式概念分析

轻钢装配式农房设计逻辑图

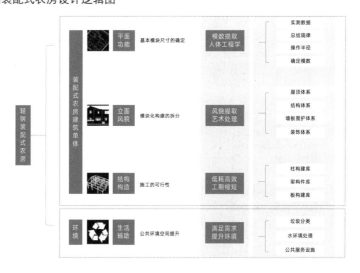

各模块调研数据

被测农房堂屋面积统计表

房屋编号	一号	二号	三号	四号	五号	六号	七号	八号	平均值
开间	6500mm	3300mm	3700mm	3300mm	5000mm	2800mm	6000mm	3200mm	4225mm
进深	6200mm	6700mm	7500mm	6600mm	9400mm	4350mm	5900mm	6000mm	6580mm
面积	40.3m²	22.11m²	27.75m²	21.78m²	47.0m²	12.18m²	35.4m²	9.9m²	27.79m²

结论：根据既有农房中堂屋平均开间及进深尺寸得到新建装配式农房堂屋模块的开间及进深尺寸。

被测农房卫生间面积统计表

房屋编号	一号	二号	三号	四号	五号	六号	七号	八号	平均开间尺寸	平均进深尺寸
开间及进深	3000mm×5500mm（一间）	1900mm×1500mm（一间）	1900mm×1500mm（一间）	1500mm×1500mm（一间）	1900mm×1500mm（一间）	利用公厕	2250mm×3020mm（一间）	1800mm×3600mm（一间）	2040mm	2590mm

结论：根据既有农房中卫生间平均尺寸得到新建装配式农房中卫生间模块尺寸基本依据。

被测农房卧室数量及面积统计表

房屋编号	一号	二号	三号	四号	五号	六号	七号	八号	平均开间尺寸	平均进深尺寸
开间及进深	5000mm×62000mm（一间） 3000mm×6200mm（一间） 3000mm×5000mm（一间）	3600mm×7900mm（两间） 3000mm×4500mm（一间） 5500mm×4700mm（一间）	3000mm×7500mm（两间） 3700mm×7500mm（一间） 3500mm×2700mm（一间）	3200mm×6600mm（两间） 3000mm×3000mm（两间） 3600mm×6600mm（一间）	5500mm×5500mm（一间） 5500mm×4000mm（两间） 3500mm×5500mm（一间） 3500mm×6700mm（一间） 6700mm×6700mm（一间） 5500mm×6700mm（一间）	2700mm×6050mm（一间） 3000mm×3400mm（一间）	3120mm×5900mm（一间） 3000mm×4400mm（两间）	3400mm×6000mm（一间） 3000mm×3400mm（两间）	3450mm	5425mm

结论：根据既有农房中卧室平均尺寸得到新建装配式农房中卧室模块尺寸基本依据以及卧室的数量，再考虑农房的空间合理利用和大、中、小三种卧室的灵活选择。

被测农房楼梯间面积统计表

房屋编号	一号	二号	三号	四号	五号	六号	七号	八号	平均开间尺寸	平均进深尺寸
开间及进深	3000mm×4200mm（一间）	2200mm×3000mm（一间）	3500mm×6100mm（一间）	3000mm×3600mm（一间）	3500mm×4000mm（一间）	无	2850mm×3280mm（一间）	无	3000mm	4000mm

结论：根据既有农房中楼梯间平均尺寸得到新建装配式农房中楼梯间模块尺寸基本依据。

基本功能空间尺寸的确定

被测农房厨房面积统计表

房屋编号	一号	二号	三号	四号	五号	六号	七号	八号	平均值
开间	7400mm	3100mm	3500mm	3000mm	6000mm	3200mm	3200mm	3400mm	4040mm
进深	4200mm	3500mm	6100mm	3800mm	3300mm	3500mm	2850mm	3600mm	3780mm
面积	31.08m²	10.85m²	21.35m²	11.4m²	19.8m²	11.2m²	9.12m²	12.24m²	15.28m²

结论：根据既有农房中厨房平均开间及进深尺寸得到新建装配式农房厨房模块的开间及进深尺寸。

基本功能空间设计尺寸

房间名称	开间/进深	测绘平均值（mm）	适配值（mm）	功能空间	开间（mm）×进深（mm）		
堂屋	开间	4200	4000~7400	堂屋	a1: 4200×8400	a2: 7200×5400	
堂屋	进深	6240	5200~8400				
卧室	开间	3670	3600~4800	卧室	b1: 4500×4200	b2: 4500×4500	b3: 4200×4700
卧室	进深	5530	4200~5600				
卫生间	开间	2680	2600~3300	卫生间	c1: 2700×4200	c2: 2700×4500	
卫生间	进深	2470	2400~4200				
厨房	开间	4040	2600~4200	厨房	d1: 2700×4500		
厨房	进深	3780	3600~4600				
餐厅	开间		3000~4600	餐厅	e1: 3300×4200	e2: 4500×5400	
餐厅	进深		4000~5600				
楼梯间	开间	3000	2700~3300	楼梯间	f1: 2700×4200		
楼梯间	进深	4000	4000~6000				

基本功能空间室内布置

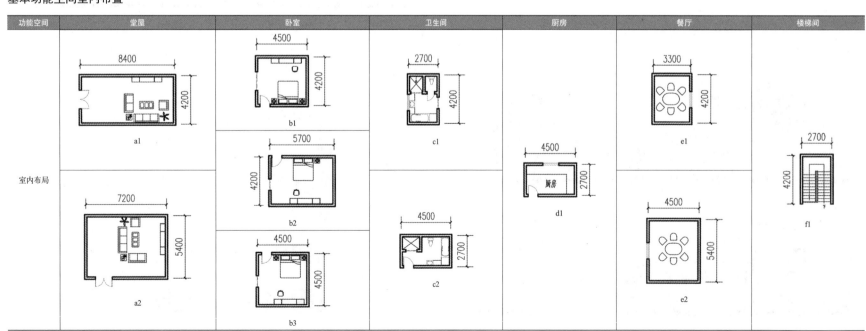

标准户型多样性组合示意图

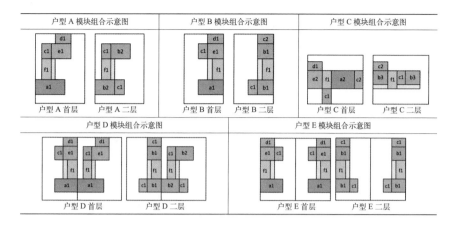

标准构件库构建及重要节点构造

柱构件库（单位：mm）

类别	柱高		腹板高度	翼缘宽度	厚度
承重立柱	首层	3300	C 形钢 89~220	40~75	0.84~2.0
	二、三层	3000			
非承重立柱	首层	3300	C 形钢 89~160	40~75	0.64~0.84
	二、三层	3000			
窗户洞口短柱	首层	上部 500	与所在墙体立柱相同		
		下部 900			
	二、三层	上部 500			
		下部 900			
门洞短柱	500		与所在墙体立柱相同		
山墙短柱	280、560、840、1120		与所在墙体立柱相同		
L 形角柱	首层	3300	C、U 形钢拼合		
	二层	3000			
T 形角柱	首层	3300	C、U 形钢拼合		
	二层	3000			
门窗立柱	首层	3300	C、U 形钢拼合		
	二层	3000			

梁构件库（单位：mm）

梁类别		梁长	腹板高	翼缘宽	厚度
顶、底导梁（U 形钢）		1800、2400、3000、3600、4200、4800	89~220	31.8~75	不小于导梁上下承重柱及非承重柱截面厚度
过梁（U 形钢、C 形钢、L 形钢等拼合）	门窗	600、1200、1800、2400	不小于所在墙面柱截面尺寸	31.8~75	0.84~2.0
	楼梯	1800	不小于所在楼面梁尺寸		
楼面梁（C 形钢，小跨度，适合农宅）		1800、2400、3000、3600、4200、4800	150~300	50~100	0.84~2.0
边梁（U 形钢）		1800、2400、3000、3600、4200、4800	与所在楼面梁尺寸对应		

柱重要节点构造

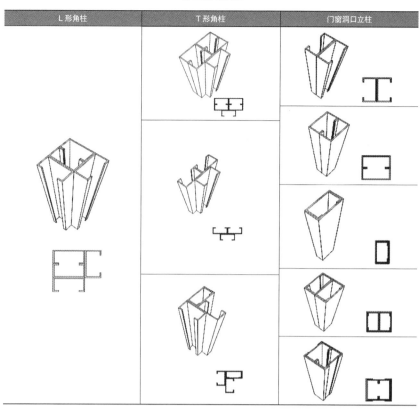

梁重要节点构造

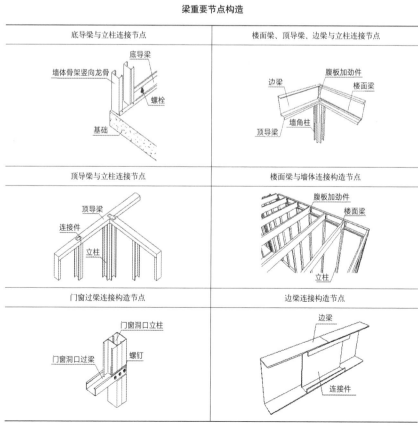

板构件库（单位：mm）

板类别	材料	板厚	板宽	板长	备注
外墙板	定向刨花板	≥ 10	600、1200	一层 3300，二、三层 3000	
	石膏板	≥ 12	600、1200	一层 3300，二、三层 3000	
内墙板	石膏板	≥ 12	600、1200	一层 3300，二、三层 3000	多边形异形山墙板分别为 C1-C8
楼面板	定向刨花板	≥ 15	600（建议）	600×n（n 为整数）	
	压型钢板混凝土楼板	80~100	600（建议）	600×n（n 为整数）	
屋面板	定向刨花板	≥ 12	600、1200	600×n（n 为整数）	
	压型钢板混凝土楼板	80~100	600、1200	600×n（n 为整数）	

建造过程

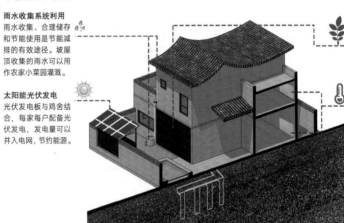

一层墙体骨架生成　　一层屋面骨架生成　　一层墙板生成

二层楼板生成　　二层建筑主体生成　　成形效果

板重要节点构造

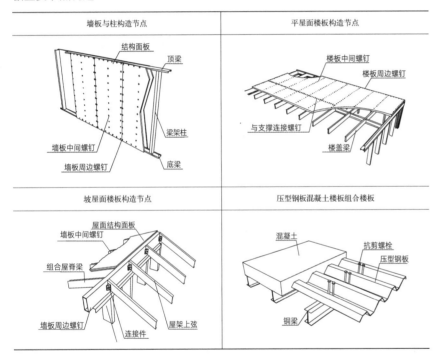

墙板与柱构造节点

结构面板　顶梁　梁架柱　墙板中间螺钉　墙板周边螺钉　底梁

平屋面楼板构造节点

楼板中间螺钉　楼板周边螺钉　与支撑连接螺钉　楼盖梁

坡屋面楼板构造节点

屋面结构面板　墙板中间螺钉　组合屋脊梁　墙板周边螺钉　连接件　屋架上弦

压型钢板混凝土楼板组合楼板

混凝土　抗剪螺栓　压型钢板　铜梁

绿色节能技术分析

节能技术集成

雨水收集系统利用
雨水收集、合理储存和节能使用是节能减排的有效途径。坡屋顶收集的雨水可以用作农家小菜园灌溉。

太阳能光伏发电
光伏发电板与鸡舍结合，每家每户配备光伏发电，发电量可以并入电网，节约能源。

木质格栅利用
建筑外立面利用木质格栅遮阳，南侧墙面利用木格栅结合适当绿化可以直接减少夏季太阳辐射，降低阳光对于房屋舒适度的影响。

地热系统利用
利用土壤在一定深度下温度较为恒定的特性，通过工作介质将冷量（夏季）或者热量（冬季）直接或者间接带入室内，提高房间的舒适度。

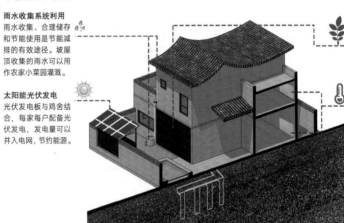

标准板墙（单位：mm）

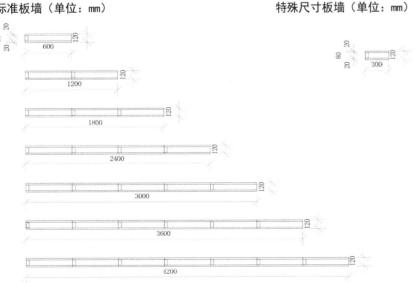

80　20　20
600　120
1200　120
1800　120
2400　120
3000　120
3600　120
4200　120

特殊尺寸板墙（单位：mm）

80　20
20
300　120

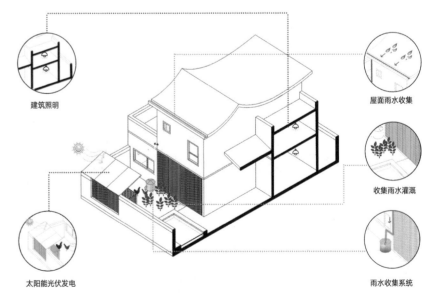

建筑照明

屋面雨水收集

收集雨水灌溉

太阳能光伏发电

雨水收集系统

学校：合肥工业大学　　指导老师：李早　　设计人员：黄晓茵　王璐子　马虎　杜梓宁

【院落段东】——美丽乡村装配式农房设计

解读

项目基地

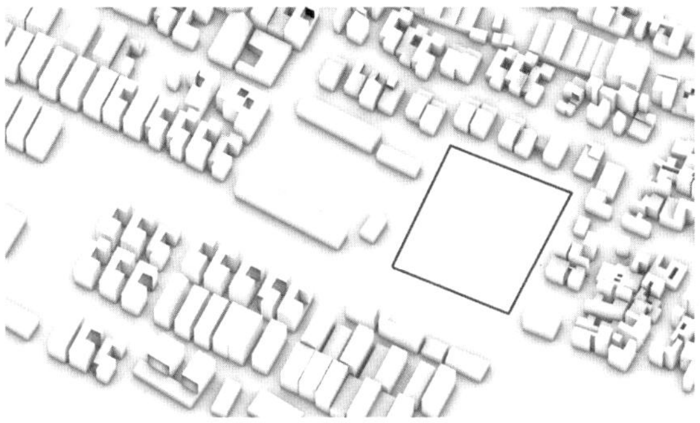

村落肌理及房屋现状

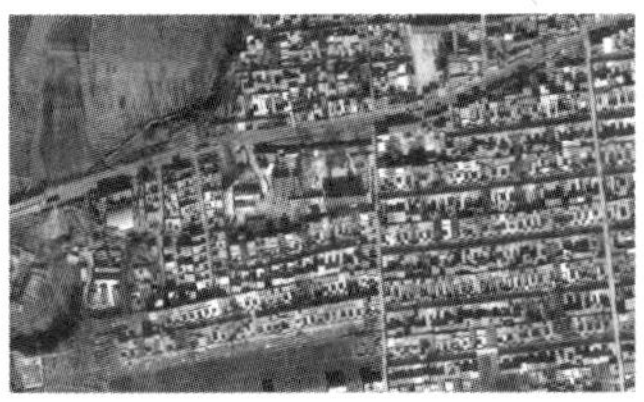

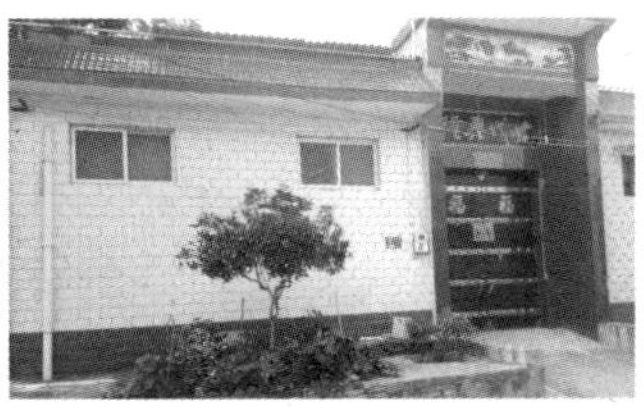

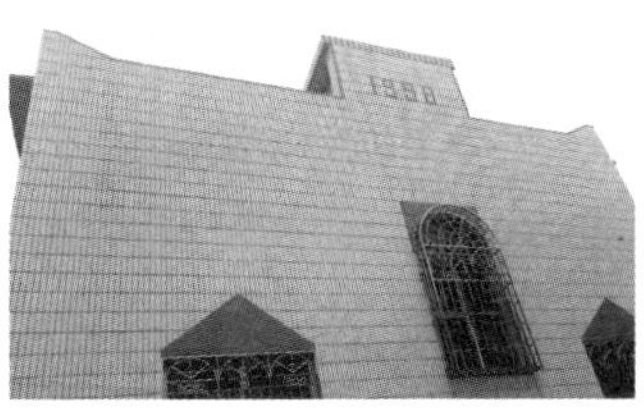

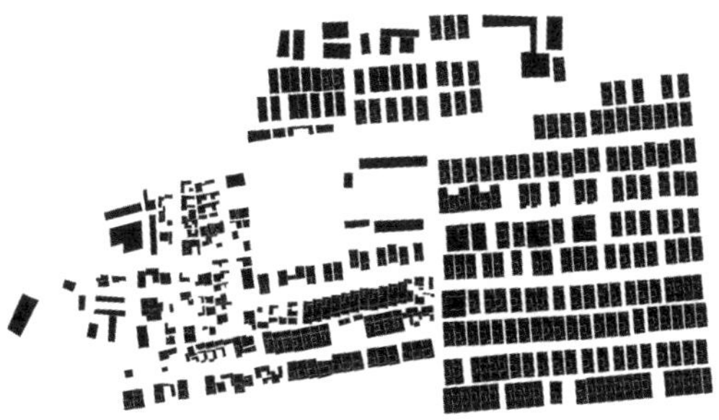

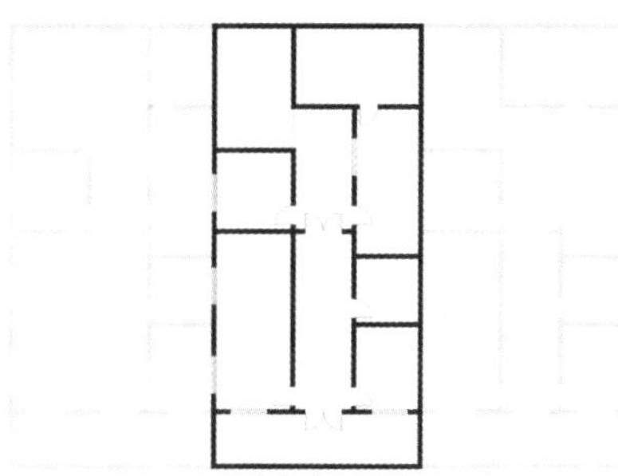

原有住宅平面图

调研成果整理

附件二　　农村房屋现状及绿色产业化发展研究调查表

调研地址	洛阳市　偃师县（区）　顾县乡（镇）　段东村（屯）																				
农户区域位置简介	☐行政村；☑自然村；☐零散住户；☐牧区牧民；																				
该区域生活配套设施	☑卫生所；☐学校；☐集贸市场；☑大、中型企业；☑超市；☑垃圾处理站；其他（　　）																				
调查参数																					
序号及户名	生产、生活方式调查				安全性及抗震情况调查				建筑基本情况调查											可再生能源利用情况调查		
	生活状态	收入来源	人口个数	优势产业	现有房屋安全等级	该地区是否处于地震断裂带	该地区有无山体滑坡、泥石流等自然灾害隐患	有无抗震设计	建筑面积(m²)	建造年代	是否为自建房屋	结构形式	有无组织采暖形式	生活能源类型及来源	供水方式	有无排污方式	有无居民用电	所处能耗水平	是否为再生能源富集区	是否存在优势资源	是否存在工业及可利用余热资源
	☐贫穷 5% ☑一般 90% ☐富裕 5%	☑农业 70% ☐畜牧 10% ☐林业 20%	6~3		☑A级 95% ☐B级 5% ☐C级 0% ☐D级 0%	☐是 ☑否	☐有 ☑无	☐有 ☑无	☐<40 0% ☐40~60 5% ☐60~80 10% ☐80~100 10% ☑100 75%	☐50s 0% ☐60s 0% ☐70s 0% ☐80s 10% ☑90s 90%	☐是 ☑否	☐木 ☐土坯 ☑砌体 ☑混凝土 ☑钢 ☐毡房 ☐其他	☐有 ☑无	☑燃煤 10% ☐秸秆 0% ☑沼气 10% ☑其他 80%	☐自备井 ☑自来水 ☐外出运水	☑有 ☐无	☑有 ☐无	较高	☐是 ☑否	☐是 ☑否	☑是 ☐否
垃圾处理	垃圾处理方式及总量：☐随意丢弃；☑中转处理；☐掩埋；☐焚烧；☑堆肥；总量：2 吨 垃圾主要类型及比例：☑生活垃圾 80 %；☐秸秆 0 %；☐建筑垃圾 0 %；☐废品、废物 19 %；☐动物粪便 1 %；																				
厕所类型	☐自有旱厕；☑室内厕所；☐公共旱厕；☐公共抽水；☐无；																				
备注																					

调研人：徐勇、陈虹宏、贾婕、樊一丹、翟华玮　　调研时间：2020.8.15-2020.8.20　　编号：1-196

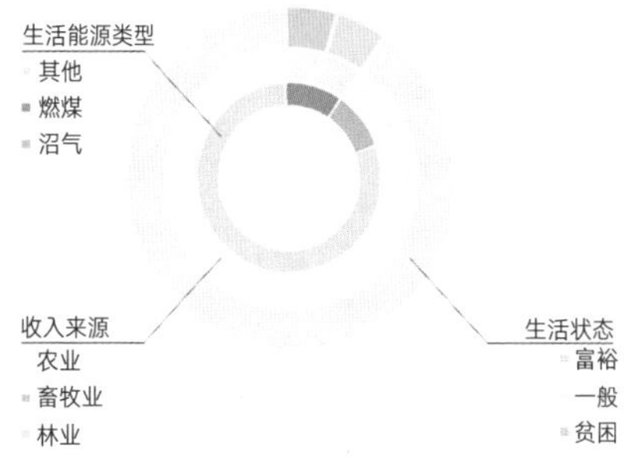

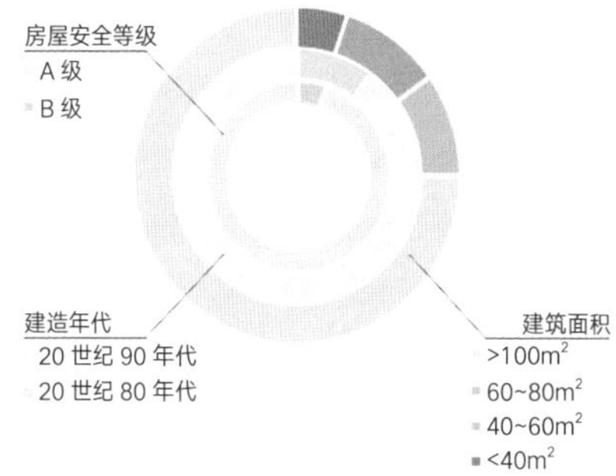

发放调查问卷200份，有效回收196份。对村民的生产生活方式，收入来源，房屋安全等级、建造年代、建筑面积等内容进行调研。根据调研结果对当地农房的建造方式、布局、户型、建筑材料等方面进行改善。

演绎

总平面图

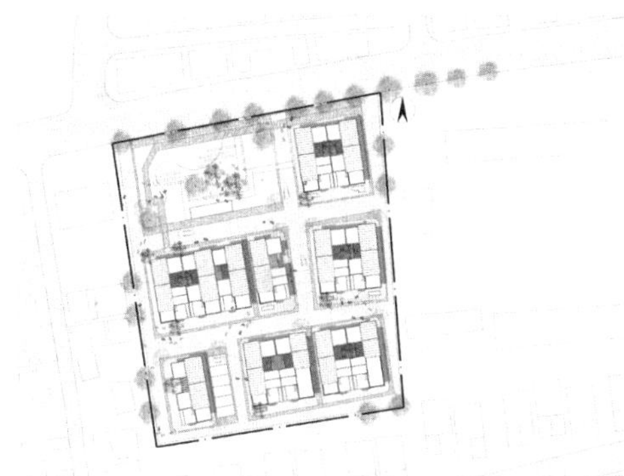

户型组合平面图

壹为一层平面，是基础户型，贰、叁为二层平面，肆、伍为三层平面。壹分别和贰、叁、肆、伍装配为三种不同户型。

壹贰型：

两层，建筑面积290m²，适合一对夫妻带有老人的家庭生活。

壹叁肆型：

三层，建筑面积390m²，适合一对夫妻带有老人小孩的家庭生活。

壹叁伍型：

三层，建筑面积440m²，适合农村家族较大、家族人员共同生活的家庭。

壹 一层平面

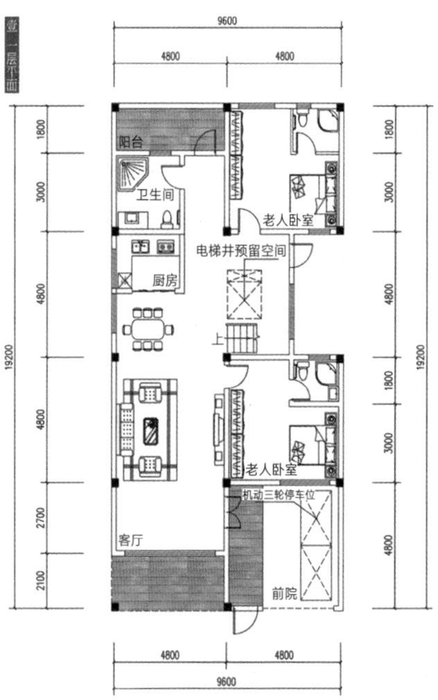

贰 二层平面

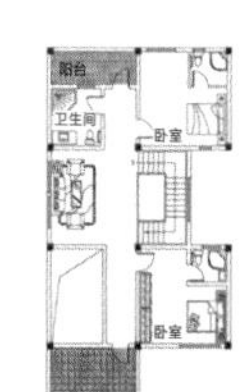

肆 三层平面

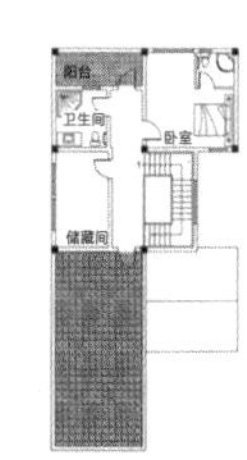

叁 二层平面

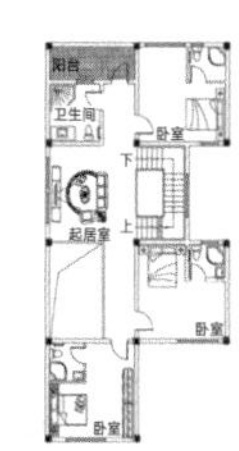

伍 三层平面

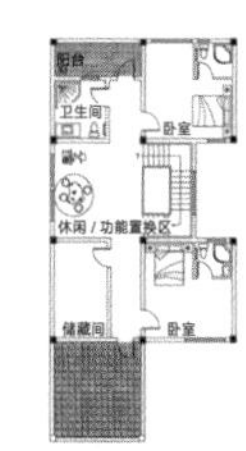

户型组合立面图

壹贰型

壹叁肆型

壹叁伍型

装配式拆解图

段东村装配式建筑，通过钢桁架搭建、楼板组装、墙体组装、门窗组装，能够达到施工方便、节约施工耗能和材料等多重目的，成为装配式建筑在农村民居建筑应用的典范。

装配单元解读

装配式建筑单元的标准化设计，能够实现装配建筑的自由组装拼接，而且户型能依照村民的自主选择进行搭建，极大地提供给居民自主权，不同户型的镜像拼接又能给村落提供高低错落的建筑形象，避免了原有的单调与无趣。

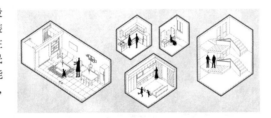

装配式大样

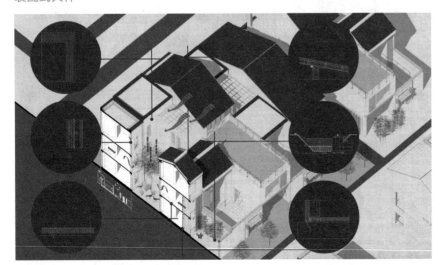

屋面构造做法
8mm 复合木地板
2mm 弹性垫层
18mm OSB 板
100mmXPS 板
18mm OSB 板
50×50 木龙骨
防火防腐材料三遍使其达到二级防火等级
防火卷材满铺
混凝土基础

墙面构造做法
木装饰柱
铝合金外墙板 10 厚（内贴反射铝箔）
空气间层（内含 50mm 木龙骨）
防水透气膜
20 厚 A 级岩棉板保温层
OSB 板 18mm
160 厚岩棉板保温层（内含 C 型钢龙骨）
防水透气膜
OSB 板 18mm
结构柱

结构柱
木装饰柱
木龙骨
内饰面板（OSB 板）

屋顶装配缝构造做法
SX 铝合金装饰板
15mm 厚 OSB 板（防火涂料三遍）
50mm 空腔
3mm 厚 SBS 防水卷材
15mm 厚 OSB 板（防火涂料三遍）
150mm 厚 A 级岩棉板
15mm 厚 OSB 板（防火涂料三遍）
SX 铝合金装饰板

聚氨酯填充

屋角装配缝构造做法
8mm 复合木地板
2mm 弹性垫层
18mm OSB 板
100mmXPS 板
18mm OSB 板
50×50 木龙骨
防火防腐材料三遍使其达到二级防火等级
防火卷材满铺
混凝土基础

硅酮胶密封
预铺 SBS 防水卷材
填塞岩棉板
硅酮密封胶

墙体材料
墙体（找平完成）
粘结砂浆
保温砂浆
界面剂
抹面砂浆
耐碱玻璃纤维网格布
抹面砂浆
外墙腻子
外饰面

生态池构造做法
蓄水层 250mm
500mm 生物过滤介质
50mm 碎石（粒径 5~15mm）
300 厚碎石（粒径 30~50mm）
育管（DN100）
溢流口
+0.000
-0.100
1:3
就近接入雨水口
防渗土工膜，两布一膜（靠近建筑物一侧设置）
1100
以平面尺寸为准
1100
注：施工前进行土壤渗透试验

植物配置图例

学校：华北水利水电大学　　指导老师：徐勇　　设计人员：蓝毕玮　樊一丹　贾婕　陈虹宏

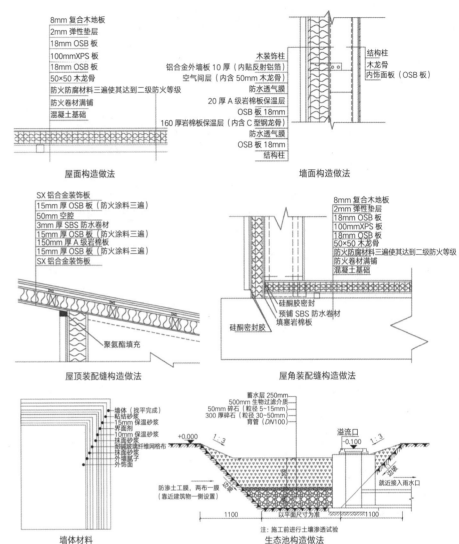

【新型农房设计】——川西民居设计

前期分析

装配式和重庆传统民居

重庆传统民居多采用穿斗木结构形式，建筑多结合重庆多山的地形，使用部分底层架空的干阑式结构。近年来，重庆许多乡村都重建新房。受制于材料和经费影响，重建房大多数采用普通砖房，忽略了传统民居的空间特征和传统结构。加之在调研过程中发现村镇人口流失严重，大多数青壮年外出打工。此村落目标定位为旅游村落，产业发展后人口回迁，需要迅速大量建造农房。因此装配式建造十分适用。

重庆市大观镇金龙村建筑现状

重庆传统民居结构的传承

传统建筑细部的保留   将现代化装配式技术和传统民居结合

区位 地形 气候

金龙村位于重庆市东南部近郊。距重庆市区直线距离约53km，驾车行驶72km，车程约1.5h。风景优美。农业生态完好，是理想的市区郊游场所。

南川区位于重庆都市区东南部，1h经济圈范围内，由渝湘高速公路相连。

大观镇位于南川区西北部，距离南川城区直线距离约为24km。

金龙村地处大观镇中部，距渝湘高速路大观互通口3km，至大观集镇1km。

村落形态保护

田园风光保护

金龙村最具代表性的环境特色依次为山、水、田、林。

山：金龙村为丘陵台地地形，村庄、梯田、谷地、鱼塘等被丘陵台地环绕，形成若干大小不等的盆地。

水：石桥河南北向流经村域，于田野间蜿蜒而行，形成美丽的乡村水景。

田：农田由丘陵环绕而成，部分台地形成梯田风貌。

林：丘陵植被多为松林，密布于山丘上，特色明显，层次丰富。

村落空间形态保护

金龙村的村落布局与自然环境相融合，以"自然生长"模式与山水环境融为一体。随地形地貌依山就势，聚落多以10~20户为一组团，道路似"枝"，组团呈"叶"，呈现"小集中、大分散"的分布特征以及空间灵活的簇状组合方式。

金龙村的空间形态特征为：院落围合、簇状集聚；五户一组，十户一落；丘林宅田，阶梯分布。

在本次装配式设计中将着重提取保护原有肌理特征。

对内部空间形态较好的村落加以保护，保护其自由式的平面布局、立体化的竖向空间，强化村落空间节点、丘陵田园与村落形成的空间环境保护。集中建设的村落应避免方格网式的棋盘格局，建筑物的体量、造型、高度和色彩应与环境协调。

文化传统保护

金龙村传统民俗文化丰富多样，已建成农耕文化博物馆，同时深入挖掘了香宝舞、舞龙狮等特色民间艺术。

对于传统文化与生活、生产习俗风俗、民间工艺与技术、历史地名等应加以保护。定期举办"坝坝舞比赛""创业技能比赛"等村民喜闻乐见的活动，丰富村民文化活动。有条件的还可以对以民俗文化为主的农家乐进行旅游开发。

建筑选址

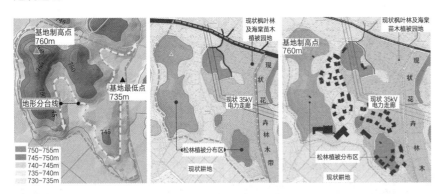

建筑选址

大致将区域地形划分为 3 个高程层级片区：山头区域高程片区（745~765m）；山腰高地缓坡片区（740~745m）；山脚低地缓坡片区（735~740m）。

将建筑选址于山脚低地缓坡片区间，减少建筑建设难度的同时，可以尽量保留原生态自然风貌。

地形地貌地灾

金龙村村域面积 453hm²，地形西北高、东南低，场地以丘陵、谷地地貌为主。整体海拔在 721.4~905.3m 之间。最高点高程 905.3m，位于金龙村十社，最低点高程 721.4m，位于金龙村一社，金龙红砖厂附近大白路南侧田间，场地最大高差约 184m。

根据《南川区大观镇地质灾害隐患点监测人情况及警示牌安装形式统计表》，金龙村未涉及任何地质灾害隐患点。

发展规划

上位产业规划

重庆市总体发展布局为"三圈四带"，即城市农业发展圈（内环以内）、近郊农业发展圈（外环以内）、远郊农业发展圈（外环以外）以及缙云山、中梁山、铜锣山、明月山四条带状山脉。

金龙村处于重庆远郊农业发展圈中，属于布局在外环高速以外的远郊丘陵、岭谷区及平坝，重点发展以规模化、专业化、区域化、标准化为目标的蔬菜、水果、水产、粮食、牧畜等名优大宗农产品生产和以加工为主要内容的产品农业与加工农业。

现状劳动力

共有 1208 名村民从事劳动，主要从事种植业、养殖业、工业、商业及外出打工，其中外出打工所占比例最高，为 43%。

职业	种植业	养殖业	工业	商业	外出打工
数量（人）	220	50	150	268	520
所占比例（%）	18.2	4.1	12.4	22.2	43

收入来源	种植业	外出打工	其他
收入金额（万元）	232.4	1005	43.36
所占比例（%）	18.1	78.5	3.4

现状住房状况和村民态度

房屋层数	二层	三层	二三层混合
比例	46%	36%	18%

房屋建成年代	20世纪80年代	20世纪90年代	2000年
比例	40%	50%	10%

	户均面积	最大面积	最小面积
占地面积（m²）	149	400	70
人均住房面积（m²/人）	76	130	50
厨房面积（m²）	20	30	3
卫生间面积（m²）	11.6	20	3

村民居住意愿统计

在调研走访过程中，通过村民讨论，发现了一些急需解决的问题。

村民们关心的问题以土地和就业关注度最高。关于土地方面，2/3 农民完成土地流转后需要搬迁到集中居民点，但部分农民土地未流转造成建设用地指标无法置换，集中居民点难以建成，引发土地矛盾。关于就业方面，农民土地流转后就业问题突出，本地用工量偏少，外出打工比例较高，以劳力输出为主，技术能力较差。

居住方式	独门独户	30%
	集体居住	60%
	都可以	10%
建房考虑因素	村规划	46%
	村里强制性规定	17%
	交通	20%
	其他	17%
建房层数意愿	二层	22%
	三层	78%
风貌意愿	现代风貌	10%
	地方特色乡村风貌	90%
联合建房意愿	愿意联合建房	75%
	不愿意联合建房	25%
理想户均面积	90~120m²	33%
	120~150m²	67%

现状存在问题

现状存在问题

色彩：新建建筑在正面外墙贴各色瓷砖	天际线：新建建筑基本为三层，新立面天际线没有起伏，缺乏层次	开窗：新建建筑部分破坏了传统建筑立面形式	风格：砖房建造，失去传统民居特色	建筑布局：建筑大多分布在缓坡地带，靠近河流
				—

续表

结构：传统民居为木结构，外围护为土夯。部分传统建筑已为危房	社会发展：人口流失严重，青壮年外出打工。目前存在就业问题，本地工作岗位不能满足需求	生活方式：村民向往大城市的生活，目前村里的配套设施不能满足居民生活需求	用地问题：部分用地杂乱堆砌石材等工厂材料	居住习惯：部分新建建筑没有保存下传统民居的空间特色：地坝。地坝为房前空地，供农民们晒农作物之用

解决方案

根据现状产业，设计装配式工厂，快速建造满足就业需求，以期解决人口流失问题。

根据旅游发展规划，设计装配式的农家乐和民宿。恢复传统民居的空间结构，让游客和原住民享受到乡村自然美景。整理修复现状各色瓷砖贴面的房屋。

建筑设计遵循原则

农村建筑基本构成格局分析

通过对现状及类似项目的分析研究，可总结出：重庆市金龙村的建筑特征为典型重庆区域农村空间特征。以堂屋为载体，厢房四周围绕为基本格局。

传统建筑格局模型分析

重庆农村传统建筑格局平面意向

本土材质：灰砖 黛瓦 石基 木窗

建筑设计格局

通过对重庆市南川区金龙村的调研，可总结出两类比较常见的建筑格局形制。在之后的装配式设计中，参考了这两种传统的L形和U形建筑布局。

"L"形格局：俗称钥匙头，屋脊及檐口均等高由正房及单侧横屋组成，正房分为堂屋和厢房

"U"形格局：俗称三合水，由正房及双侧横屋组成，正房分为堂屋和厢房

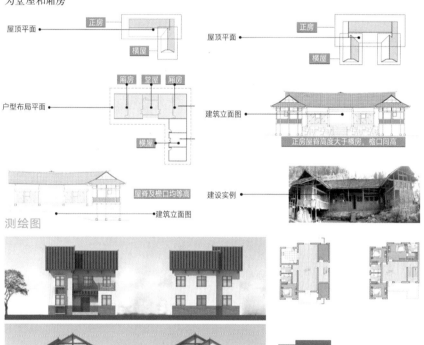

测绘图

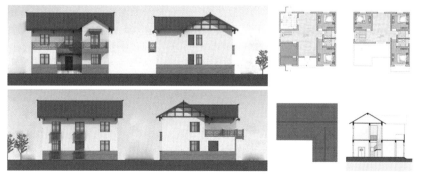

测绘一：传统三开间式布置，方便邻里交往。川东民居木结构建筑元素挑梁、骑柱等丰富了建筑立面。前晒台符合当地人民的生活需求。基地面积114.3m²，建筑面积212.4m²。

测绘二：半院落的布局分区明确，前置晒台能满足当地人的生活习惯。外立面采用穿斗及人字形坡屋顶装饰，间插当地砖饰，延续传统民居风格。基地面积131.7m²，建筑面积235m²。

设计方案

村庄规划

鸟瞰图

透视图

平面布局

2 层住宅平面图

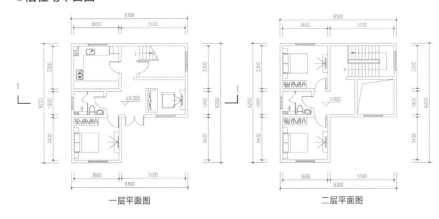

一层平面图　　　　　二层平面图

3 层住宅平、剖面图

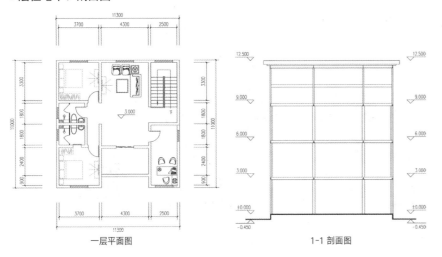

一层平面图　　　　　1-1 剖面图

建筑造型

2 层住宅剖、立面图

1-1 剖立面图　　　　南立面图

平面布局

3 层住宅平面图

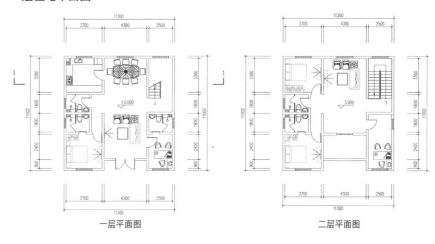

一层平面图　　　　　二层平面图

建筑造型

3 层住宅立面图

南立面图　　　　　西立面图

平面布局

厂房平面图

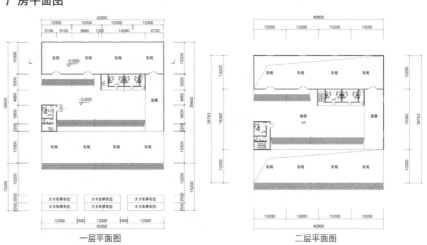

一层平面图　　　　　二层平面图

立面造型

工厂立面图

南立面图

建筑造型

厂房剖面图

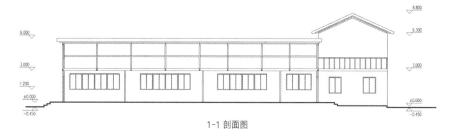

1-1 剖面图

平面布局

农家乐平面图

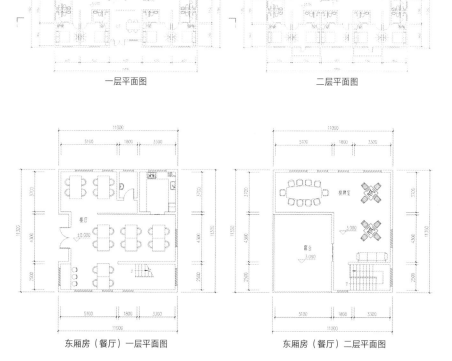

一层平面图   二层平面图

东厢房（餐厅）一层平面图   东厢房（餐厅）二层平面图

建筑造型

农家乐立面图

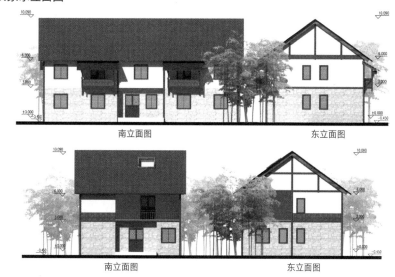

南立面图   东立面图

南立面图   东立面图

平面布局

学校平面图

农家乐剖面图

1-1 剖面图

储物间			堂屋		后勤
小卖部					食堂
		-0.200			办公室
		地坝			
					多功能厅

一层平面图

立面造型

小学立面图

东立面图

南立面图

建筑造型

学校剖面图

1-1 剖面图

平面布局

游客服务中心平面图

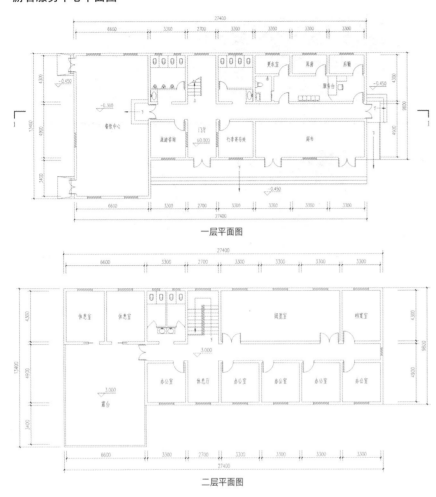

一层平面图

二层平面图

立面造型

游客服务中心立面图

南立面图

建筑造型

游客服务中心剖面图

1-1剖面图

结构体系

体系介绍

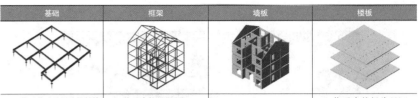

基础	框架	墙板	楼板
体系基础采用地螺丝管桩，在地螺丝管帽上方架设基座梁架。基座梁架的进深方向采用200mm×200mm H型钢，面阔方向采用175mm×175mm H型钢，二者采用加强螺栓连接固定。地螺丝管桩基础的优势在于铺设程序简单，对环境适应性强，且便于拆卸进行二次安装使用，降低对环境的影响	体系中柱采用100mm×100mm×10mm方管，芯内预填充细石混凝土以增加强度，梁架采用100mm×100mm H型钢；坡屋顶部分椽架与檩条分别采用规格为150mm×100mm和100mm×100mm的H型钢。框架部分均采用加强螺栓连接，便于钢材的回收和二次使用，绿色环保	墙板部分采用全装配手段。外墙预制板材厚100mm，内挂于梁柱体系，在三者形成的阴角部分借助角钢与加强螺栓加以固定，最终在建筑外侧挂外饰板；梁柱内空间形成墙板体系空腔，作为防潮隔汽的构造辅助。内墙预制板材厚50mm，采用外挂方式，安装方法与外墙板相似	体系中楼板为200mm厚双层预制板，上层去掉50mm×50mm四角，搭设于梁架之上，且四边预留长300m凹槽，借助角钢与梁架H型钢固定；下层四边较上层内退50mm，嵌固于梁架内，便于楼板安装定位，防止横向滑脱。安装采用全装配手段，后期可拆卸易地重装

技术分析 - 预制主板规格

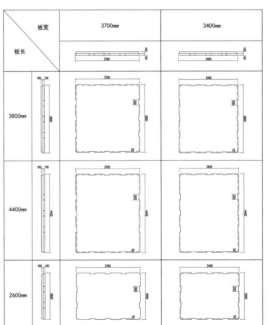

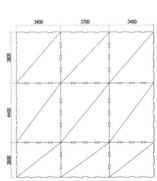

预制楼板为双层结构，上层四周预留凹槽，利用角钢完成楼板与梁架之间的连接；下层镶嵌于梁架所形成的空间内，辅助安装定位。

技术分析 - 预制墙板规格

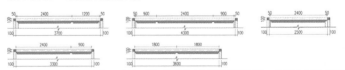

规　格		900mm×3000mm	1200mm×3000mm	1800mm×3000mm	2400mm×3000mm
外墙板	平面图				
	立面图				
内墙板	平面图				
	立面图				

预制外墙板采用内挂板形式，后期加装外饰面板，外饰板与外墙板形成的空腔利于防潮隔汽；内墙板外挂于梁架。

技术分析 - 装配步骤

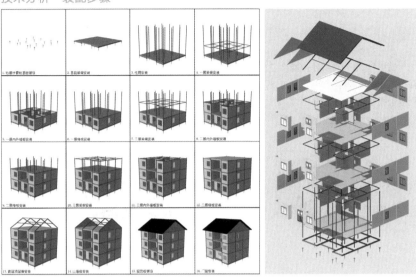

节点设计

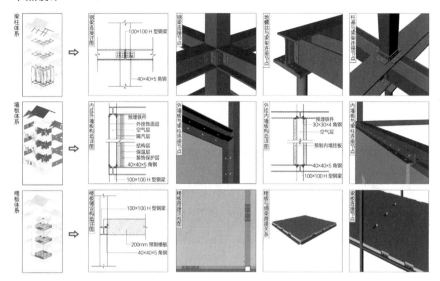

【烟雨·檐语】——岭南民居设计

烟雨岭南·基础调研篇

地理位置

烟桥村位于广东省佛山市南海区九江镇西北部，归属烟南村委会，东经112.96°，北纬22.87°。

烟桥村紧邻龙高路，在佛山的西南部，临近江门，距离佛山市区32km。

烟桥村占地246711m²，其中，古建筑为38849m²，古街巷为4025m²，古河涌为28288m²，古竹林为30972m²，古鱼塘为110058m²，占了总面积的87%，是整个珠三角地区保存的比较完整的岭南风格古村落。

气候条件

烟桥村属于亚热带季风气候，夏热冬温，四季分明，季风发达。最热月平均气温一般高于22℃，最冷月气温在0~15℃之间，年降水量多在800~1600mm。广东在夏季经常受到台风的袭击，烟桥村也曾经遭受过多次洪涝袭击。春季的低温阴雨、秋季的寒露风和秋末至春初的寒潮和霜冻，也是广东多发的灾害性天气。

地形地貌与水文

烟桥村位于珠江三角洲地区，地处平原，濒临南海，海拔2m左右。村庄四面环水，其中北、南、东三面都有竹林和鱼塘包围。西边靠近西江主水道，村内的水道大部分是西江的支流。

村落形体与空间结构

佛山古村落的选址布局结合当地的环境特点，形成山、河、田、塘、街、巷、屋和谐共生的和生态节能的人居环境系统。岭南广府地区的古村落形态以梳式布局为主，地处珠江三角洲广府文化核心区的佛山地区的古村落也是如此。在村落扩张蔓延过程中，受山体、水系等自然条件的制约，如烟桥村、国太村、北水村，以梳式布局为基础，结合各地地理条件，形成各式各样的村落整体形态，可大致分为梳式型（特指规整梳式布局）、网格型、团聚型三种。

年龄构成

截至目前，烟桥村户籍居民目前共725人。通过采访发现，中年人有一部分平时外出打工，子女则在烟桥村居住、读书。通过实地的考察与调研，大部分农房都是老人在居住。由于政府征用耕地，老人们部分已不从事农业，居住在农房中养老。另外，部分老房子都已闲置，居民偶尔回家打扫或在清明时回家祭祖，长期居住者较少。

年龄

总体而言，烟桥村年龄结构正常，主体呈现稳定型。

烟桥村60岁及以上老年人占比17.52%，40~59岁的中年人占比28.83%，而20~39岁的青年人占比32.28%，0~19岁的儿童少年占比21.37%。10~19岁的青少年仅占比6.76%，和其他年龄段相比人数较少。

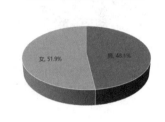
烟桥村户籍居民男女比例饼状图

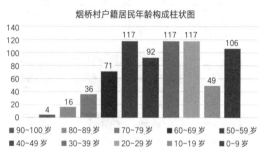
烟桥村户籍居民年龄构成柱状图

■ 90~100岁　■ 80~89岁　■ 70~79岁　■ 60~69岁　■ 50~59岁
■ 40~49岁　■ 30~39岁　■ 20~29岁　■ 10~19岁　■ 0~9岁

农房调研数据分析

小组成员在广东珠三角地区采取线上问卷及线下采访的方式综合收集数据，进行系统的分析，并得出相应的结论。

民居地点
民居绝大部分位于珠三角地区，主要集中在佛山市。

■ 广州市　■ 佛山市　■ 江门市　■ 肇庆市　■ 阳江市

居住人口
家族聚居生活模式致使单栋房屋居住人数普遍较多。

■ 1~3　■ 4~6　■ >6

经济状况
主要经济来源为村内务农和进城务工，绝大多数村民经济状况一般甚至更差。

■ 务工　■ 畜牧　■ 农业

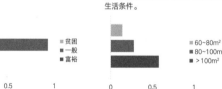
■ 贫困　■ 一般　■ 富裕

建造面积
房屋面积普遍较大，满足大家族聚居生活条件。
■ 60~80m²　■ 80~100m²　■ >100m²

建造年代
部分民居完整保留，大批房屋"拆旧起新"，新房子与老房子格格不入。

■ 90年代及以后　■ 60~80年代　■ 50年代及以前

结构形式
老房子大部分为砌体结构，有少数为砖木结构，新建房屋均为钢筋混凝土结构。

■ 砌体　■ 混凝土　■ 砖木

安全等级
少部分新建民居安全性较好，但绝大多数村民对自家房屋安全系数不了解。

■ A级　■ B级　■ 不清楚

能源类型
调研民居所在地均非再生能源富集区，没有优势资源。老民居以烧煤、柴为主，新建房屋以使用天然气和电力为主。

■ 煤　■ 柴　■ 天然气　■ 电

供水方式
绝大部分民居用上了自来水，只有极少数老旧房屋仍使用自备井采水。
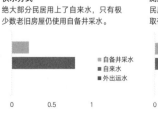
■ 自备井采水　■ 自来水　■ 外出运水

厕所类型
民居经过改造后均配备室内厕所，采取有组织排污方式，极少数为旱厕。

■ 自家旱厕　■ 室内厕所　■ 公共旱厕/无

周边服务
乡村振兴建设使民居周边配套服务良好，便利居民日常生活。
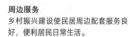

■ 卫生所　■ 学校　■ 集贸市场　■ 大中型企业　■ 超市　■ 垃圾处理站

民居特点

布局特点

　　村落采用梳式结构,村落中建筑密集,单元外观和平面整齐划一。两列建筑之间有一小巷,建一门楼在巷口,并起名"××里"。

民居结构

　　民居建筑主要采用砌体结构,用青砖盖成墙面,屋顶采用瓦面。在当代,居民又在原有的青砖老屋基础上用混凝土翻新,或加建混凝土建筑,甚至推倒重建,以满足当代生活的需求。

　　民居也有采用木结构,部分民居还保留着原有的木结构屋顶,为了满足当代生活需求,在木结构基础上对屋顶进行了加固。

民居类型

　　竹筒屋民居:竹筒屋由普通的居民所住,特点是每层平面的宽较窄,房间排布纵深发展。平面图看起来像一节节竹子,所以叫竹筒屋。

　　三间两廊民居:本地区民居最主要的形式。三开间主座建筑,前带两廊和天井组成的三合院住宅。

　　大型天井院落式民居:清末广州西关的旧民居,从平面布局、立面构成、剖面设计到细部装修等,都有它一整套的模式和独特的地方风格,其中以大户人家居住俗称"古老大屋"者最为精美。

装饰特点

　　该地区的民居的装饰丰富多样,不仅与建筑统一结合,且实用美观。建筑上的装饰题材常有浓厚的伦理色彩及吉祥瑞庆等内容,渗透了地区的思想文化。广东有着大量的侨乡,村民在建造房屋时,将国外的特色融入当地建筑中,丰富了建筑的装饰。

霄南村的南兴里

良溪村的罗龙里

大岭村的颖源里

竹筒屋平面图　　　　三间两廊平面图　　　　大型天井院落式平面图

烟桥村何晃钊故居的古巴装饰

聚龙古村的西洋窗楣

烟桥村兰桂坊的西洋窗楣

民居要素风貌库

分类	名称	介绍	调研照片	
屋脊山墙	龙船脊	形状:两端高翘,形似龙船;装饰:灰塑浅浮雕卷草纹、山水花卉等;寓意:风调雨顺,吉祥如意	大岭村 雨塘公祠	良溪村 罗氏大祠堂
	镬耳墙	形状:半圆形的山墙,像锅的两耳,又象征官帽两耳;材质:青砖、石柱、石板;装饰:花鸟、人物图案	北水村 尤列故居	北水村某民居
	蚝壳墙	材料:蚝壳;用途:隔音、冬暖夏凉、不积雨水、不怕虫蛀腐蚀	碧江村	大岭村
窗户	槛窗	在大型民居的上房,下面为槛墙;装饰:花草、文字或几何图案		
	满洲窗	民居和庭园建筑喜欢的一种窗户形状:方形,分为上、中、下三段;特色:镶嵌彩色玻璃,体现富丽堂皇与明朗活泼的感觉	清晖园	满洲窗
	普通的窗	民居的窗位置通常高而小,通常为方形,图案多样	北水村 民居	大岭村 民居
装饰	木雕	技法:浮雕、镂雕;用地:彩门、梁架、檐板、柁墩等	碧江村	碧江金楼
	砖雕	技法:主体浅浮雕,局部结合透雕、圆雕、镂空雕等;用地:槛墙、门楣、窗楣等	陈家祠	深井村
	石雕	材料:花岗岩;技法:高浮雕、镂空雕、圆雕等;用地:台基、墙裙、柱础、檐柱等	大岭村	陈家祠
	灰塑	材料:石灰、混合发酵后的稻草、纸筋等纤维物;装饰:动物、民间故事、传统吉祥物	烟桥村	深井村

烟桥村民居

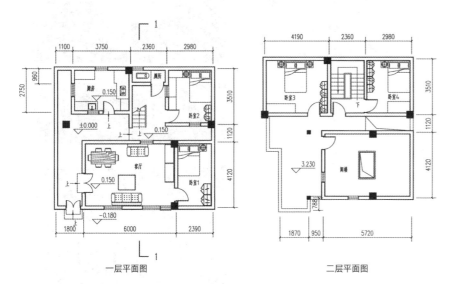

一层平面图

二层平面图

南立面图

东立面图

剖面图

烟桥村何晃钊故居

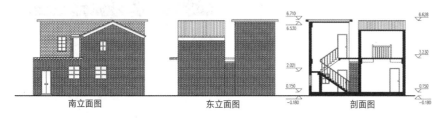

一层平面图

二层平面图

南立面图

剖面图

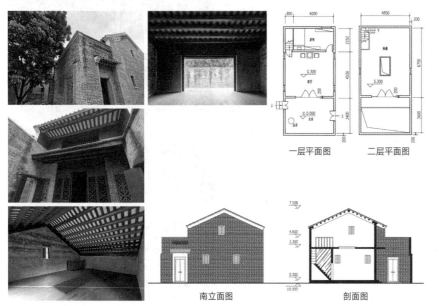

北水村民居

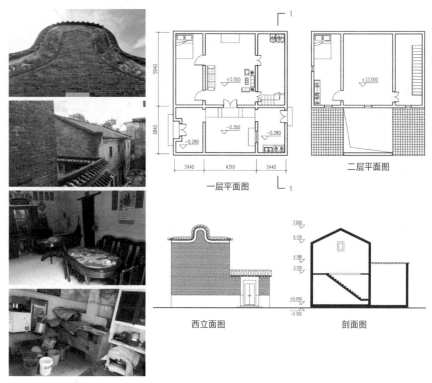

一层平面图

二层平面图

西立面图

剖面图

国太村民居

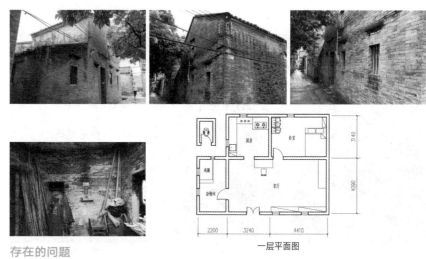

一层平面图

存在的问题

问题类型		具体问题	图片说明
外观	房屋安全隐患	传统的老房子大多年久失修，更有不少是危房，甚至濒临倒塌	
	立面装饰残缺	外墙面上有砖雕、灰塑和彩绘等装饰元素，抗风雨侵蚀能力较弱，由于保护不善，不少砖雕、灰塑剥落，彩绘失色斑驳	
	地面铺装损毁	居民出行方式改变使得如露天停车场等硬质地面大面积出现，村落原本的石铺地面被取代，传统村落特色风貌遭到破坏	

续表

问题类型		具体问题	图片说明
内部功能	采光通风不足	窗地比较小，不能满足日常采光与通风的需求	
	尺度舒适性差	调研的几处民居均出现楼梯过窄、过陡，甚至以扶梯代替楼梯的现象，存在较大安全隐患。房间长宽比普遍较大，出现空间利用率不高、光照不足等问题。卫生间作为辅助空间，通常位于楼梯间或室外，空间狭隘，也没有达到现代卫生标准	
	空间布局混乱	多数客厅与餐厅缺少分隔，功能混乱	
	部分功能空间缺乏	室内没有专用交通空间，客厅兼作交通空间，房间开门数量与位置对客厅造成一定影响	
宣传	保护意识不足	村民对当地文化价值、历史价值与商业价值保护意识薄弱，他们为了提升生活质量把家中的老房子拆除，盖起了新式民居，大部分新民居在建筑风貌、建筑层数上都与村落整体风貌不协调	

户型分析

1. 房屋布局元素提取

传统的岭南村落巷道狭窄、建筑密集，为了保障每间屋子的通风，通常会在屋内建设"天井"：宅院中房与房之间或房与围墙之间所围成的露天空地，即四面有房屋、三面有房屋另一面有围墙或两面有房屋另两面有围墙时中间的空地。

传统民居既有单开间（即竹筒楼），也有双开间和三开间。双开间的民居是烟桥村当地居民在原有的房屋基础上，自行进行了扩建形成了双开间，天井空间因此被压缩。三开间的三间两廊式的民居最为典型，本次绿色农房设计以此为基础进行改良。

2. 以三间两廊形式为基础，保留用于祭祀等重大活动的堂屋。

3. 将天井改造为庭院，采用二开间的形式满足采光与通风。

4. 保留天井，在保证采光通风良好的基础上适当扩大房间面积，满足多种功能需求。

组团形式

1. 基本组团单元

4 户人家以亲缘关系行成初级组团，以巷道进行连接，巷口设牌坊，每巷起名为"××里"。

2. 钯钉巷紧凑布局

部分区域用地面积较小但人口密集，沿用岭南传统的梳式布局，以巷道形式连接各个基本组团单元。

3. 亲水布局

围绕烟桥村内池塘进行布局，贴合岭南地区人民喜爱洗水的习惯。

4. 围合公共空间布局

给予一定的交流空间，满足村民晒谷、聚集等需求。

  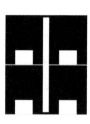

访谈节选与结论

本次调研采访在当地生活二十多年的居民，下面节选访谈片段进一步体现村落农房的问题和他们平时的生活习惯。

1. 不了解农房结构

房子是从爷爷那辈传下来的，当时没有现在这样出设计图纸，只是根据要住多少人、大致什么功能等基本信息就开始建了，以前盖房子会请师傅过来帮忙，但不会像现在这样有专门的设计公司和团队。房屋本体是用青砖垒上去的，屋架是用杉木搭建的，屋顶铺瓦。

2. 内环境舒适度下降

现在夏天用电比较多，新建的用红砖盖的两层楼隔热不太好，经常要开空调，反而老房子十分凉快，受访者母亲的房间就是在老房子的一层，气温很高的天气就只有她母亲的房间是比较凉快的，温度比室外低不少。

木制　　　混凝土

结构运用混乱

3. 生活私密性弱

农房以前是用铝合金窗的，但由于保育区的设立，那种铝合金窗不符合风貌保护的要求，就改小了，改成了木窗，通风采光没有太大影响，主要是隐私性问题。有一段时间会觉得很尴尬，家里人在屋子里做什么游客都能看见，居民和游客四目相对的时候气氛就比较奇怪。后来贴了磨砂膜就好一些，如果以后要进行新的设计希望私密性更好一些。

生活私密性弱

4. 烹饪方式新旧通用

现在家里大部分会使用天然气，也有用柴火烧饭煮粽子。现在村里在推行垃圾分类，各家各户分好类再集中到一个地方统一处理。

冷　　　热

内环境舒适度下降

新檐旧语 · 农房设计篇

基础户型——扩建一

相比起基础户型，增加了一个二层公共空间。这种设计给家人间制造更多的相处机会，并能让居民有一个相对私密的交流空间。

户型（二代居1）

基本间	面积（m²）	个数
厨房模块	6.64	1
卫生间模块	3.27	2
卧室模块1	12.62	2
卧室模块2	13.64	1
楼梯间模块	7.56	1
客厅模块	19.3	1
餐厅模块	8.64	1
总面积	136.94	

体块生成

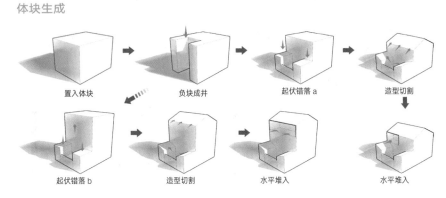

置入体块　　负块成井　　起伏错落a　　造型切割

起伏错落b　　造型切割　　水平堆入　　水平堆入

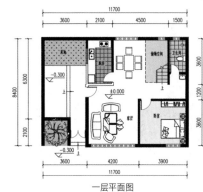

一层平面图　　　　　　　　二层平面图

基础户型

保留三间两廊的外形，但室内布局偏向现代化。天井处设置菜地供居民种植蔬菜，自给自足。本套户型适合一代或两代人居住。阳光房的设计除了娱乐外，加大对自然光的利用，起到绿色环保的作用。

户型（基础户型）

基本间	面积（m²）	个数
厨房模块	6.64	1
卫生间模块	3.27	2
卧室模块	12.62	2
楼梯间模块	7.56	1
客厅模块	19.3	1
餐厅模块	8.64	1
阳光房模块	13.63	1
总面积	125.55	

基础户型——扩建二

相比起基础户型，增加了一个卧室，适合多孩家庭或四代同堂家庭。

户型（二代或三代居）

基本间	面积（m²）	个数
厨房模块	6.64	1
卫生间模块	3.27	2
卧室模块1	12.62	2
卧室模块2	13.64	1
卧室或书房模块3	8.72	1
楼梯间模块	7.56	1
客厅模块	19.3	1
餐厅模块	8.64	1
总面积	138.4	

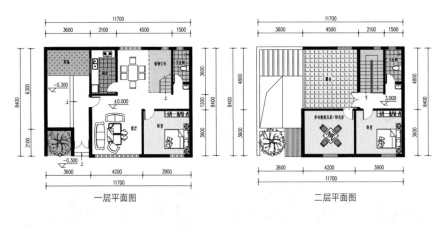

一层平面图　　　　　　　　二层平面图

一层平面图　　　　　　　　二层平面图

适老化户型

母子门及坡道的添加，适合独居老人居住。

户型（适老化·独居老人）

基本间	面积（m²）	个数
厨房模块	6.64	1
卫生间模块	6.64	1
卧室模块	13.75	1
书房模块	6.64	1
客厅模块	16.38	1
餐厅模块	9.72	1
总面积	79.94	

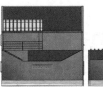

西立面　　　　　　南立面　　　　　　剖面图

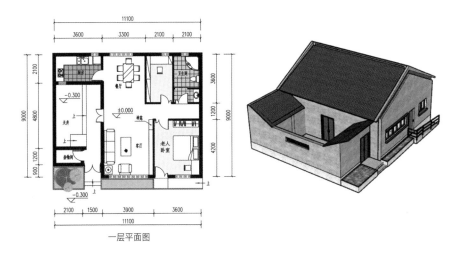

一层平面图

一层平面图　　　　　　　　　　二层平面图

适老化户型——加建一

户型（二代居1）

基本间	面积（m²）	个数
厨房模块	6.64	1
卫生间模块	3.27	2
卧室模块1	12.62	2
卧室模块2	13.64	1
楼梯间模块	7.56	1
客厅模块	19.3	1
餐厅模块	8.64	1
总面积	136.94	

剖面图

适老化户型——加建二

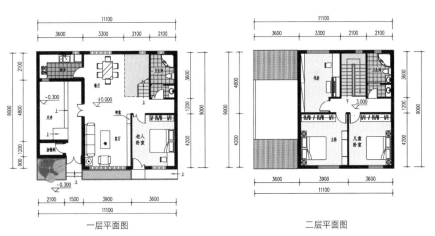

一层平面图　　　　　　　　　　二层平面图

二层平面图　　　　西立面　　　南立面

商店户型

　　满足村落中小卖部经商的需求，或者是开设纪念品商店等，发展旅游业。

户型（商户户型·两代人舒适型）

基本间	面积（m²）	个数
厨房模块	6.64	1
卫生间模块	6.64	1
卧室模块1	14.95	1
卧室模块2	10.73	1
楼梯间模块	6.64	1
营业厅模块	20.86	1
客厅模块	14.95	1
餐厅模块	9.72	1
总面积	173.19	

适老化户型——加建二

　　在适老化户型上加建两层，满足多代同堂的使用需求。

户型（二代或三代居）

基本间	面积（m²）	个数
厨房模块	6.64	1
卫生间模块	3.27	2
卧室模块1	12.62	2
卧室模块2	13.64	1
卧室或书房模块3	8.72	1
楼梯间模块	7.56	1
客厅模块	19.3	1
餐厅模块	8.64	1
总面积	138.4	

一层平面图　　　　　　　　　　二层平面图

窗花的运用

延用传统建筑中的装饰窗花，以装配式的方式制作窗花，大面积运用在农房开窗的部分。

三间两廊外形的延用

为了能够保持传统建筑三间两廊的外形，屋檐、贴上类木材质的轻钢龙骨框架和花架相结合，形成一天井、两开间的侧院空间。廊虚实结合，可供居民灵活选择：菜地、储物间、花坛、公共交流区域。

屋脊

传统民居的屋脊原本有大量复杂精美的木雕或石雕，在屋脊的中间处贴上类木的材质，象征传统民居屋脊中的装饰。

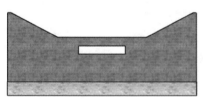

外墙

传统建筑中的外墙极高，虽然私密性强，能抵御盗贼，但是影响采光，会给人制造压抑的感觉。在本次设计中，延用了外墙的设计，添加勒脚，并降低一部分墙的高度，增加日照光线的同时，更能凸显三间两廊的外观设计特点。

封火山墙

将广东传统民居中的山墙和镬耳山墙制作成预制板的模式进行装配式拼装，墙上方的类木装饰代表了原本墙面上方的雕花，既节约成本，又美观简约。

绿色装配篇

冷弯薄壁型轻钢龙骨框架

一种以冷弯薄壁型钢为基本承重骨架，通过自攻螺钉与各类轻型板材连接起来的新型结构体系。与传统民居木结构相比，新型轻钢龙骨式钢构的优势有：①具有更高的强度和刚度；②可更方便地实现复杂截面形式；③不易受湿度、温度或者害虫的影响；④建筑材料可以方便地回收利用；⑤ CAD/CAM 自动化程度高；⑥可以实现不同程度预制化。以上特点均符合当代新型农房的使用需求。

模数化墙板门窗

以 300mm 为基本模数，对墙板、木、窗进行模数化划分。门窗框架配合轻钢龙骨框架使建筑结构具有一致性，实现建筑建造构件完全模数化、预制化，加速施工，降低造价。部分板面使用木纹饰板贴面，增添民居温馨的气氛。

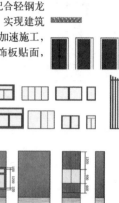

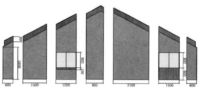

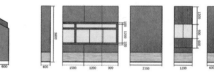

装配式建筑构件

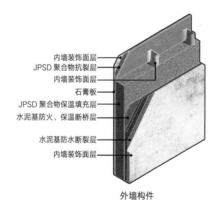

外墙构件

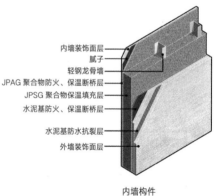

内墙构件

桁架构件

屋顶结构

模数化房间

起居室模块

卫生间模块

这一卫生间布局较为开敞，方便老人轮椅出入。卫生间采用干湿分离，将洗手台设置在室外，方便居民使用。

这一卫生间布局较为紧凑，同样采用干湿分离的形式，方便使用。

较为开敞的起居室空间，足够放置围合的沙发与电视，同时布置神龛。

相对尺度小的起居室空间，满足基本生活要求。

楼梯 + 餐厅模块

设置开放式的餐厅，将餐厅设置在楼梯旁，增加屋内的互动。

楼梯采用统一的尺度，厨房设置两种不同的尺度，供不同人口家庭使用。

储藏空间模块

作为房间布置在朝向没那么好的位置，存放需要储藏的物品。

适合存取出入家门需要的物品。

其他功能房间模块

这一房间户型的营业面积足够大，供商家开设小店、小型茶吧。

这一房间可以被改造成为休闲室，例如作为棋牌室、阳光房等。

这一房间可以作为书房使用，相对狭长的空间可以在房间内放置工作台。

卧室模块

这一卧室布局能够在空闲的空间进行其他的布置。

这一卧室布局能够放入一张大的双人床，提升了舒适度。

这一布置能够成为儿童的卧室，有着基本的储藏与休息空间。

这一卧室布局能够满足休息的基本功能，同时预留了足够的储藏空间。

这一布置有足够的面积摆放双人床，可以留出足够的通道，方便老人进出。

绿色节能分析

通风分析

天井改造成的庭院能够使得整个庭院内行成气流。

采光分析

将传统的三间连廊的堂屋改进成二开间，保证南北面开窗。设计保留天井的形式，解决屋内的采光问题，使得西边阳光能通过天井进入。

平面绿化

设计为庭院设置了绿化区域，既可以给农民提供蔬菜种植基地，又可以对住宅的微气候起一定的调节作用，提高空气质量，创造更好的居住环境。

立体绿化

住宅配有花架，不仅是为了符合传统岭南民居形式，更能成为建筑绿化的一部分，增加建筑的景观效果。立体绿化能够成为更有效的雨水收集与再利用的方式，最大化利用水资源。

水循环设计

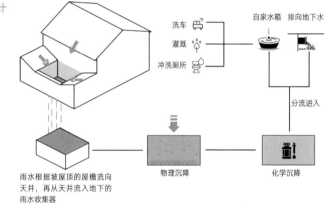

洗车
灌溉
冲洗厕所
自家水箱　排向地下水

分流进入

雨水根据坡屋顶的屋檐流向天井，再从天井流入地下的雨水收集器

物理沉降　　化学沉降

学校：合肥工业大学　　指导老师：曾锐　汪强　　设计人员：彭晨曦　郭小玲　刘卓然　胡琬怡

【居产合一型农宅改造】——逯堤酒坊绿色装配式改造

区位分析

安阳市位于河南省东北角，地处三省交会的地方。滑县地处安阳市东南角，逯堤村位于滑县上官镇。

安阳，素有"七朝古都"之称。逯堤村附近有滑县民俗博物院、明福寺塔、宋阁老墓、道口镇历史建筑群、卫国都城遗址、瓦岗军点将台遗址等旅游景点；有道口烧鸡、八里营甜瓜、老庙牛肉、卫香附、牛屯火烧等特产。

文脉分析

文脉背景

甲骨文的最早发现地，《周易》文化的发源地，国家历史名城，中国八大古都之一，世界文化遗产殷墟、大运河滑县段所在地，中原华夏文明早期的发祥地之一。

地标：文峰塔

当地"文风"的象征，已有一千余年历史，为全国重点文物保护单位，这种平台、莲座、辽式塔身、藏式塔刹的形制世所罕见。

道口古镇兴起于隋唐大运河发达的漕运时代，距今已有上千年的历史。被评为"中国历史文化名镇"。

滑县是中原经济区粮食生产核心区、河南省第一产粮大县、中国粮食生产先进单位、中国唯一的粮食生产先进县，有"豫北粮仓"之称。滑县主要旅游景点包括隋唐大运河、张家遗址、瓦岗寨、明福寺塔、欧阳书院、千翠湖等。

逯堤村酒文化

起源于宋代，欧阳修做滑州通判时开始酿造"冰糖春"，因酿制工序中加了冰糖而得名。著名诗人陆游曾赞誉"冰糖酒，为天下第一"。清代一位学者曾赞誉"名驰冀北三千里，味压江南第一家"。

以传承中原古典文化、推行绿色保健、全面关注人类健康为己任，以引领中原白酒发展潮流为目标。

提高粱之精，取小麦之髓，汲富含多矿的深层地下水，经蒸糟拌曲，封窖发酵，蒸馏储存，精心调制。

改造方案介绍

改造前资料

一层改造前平面图

改造理念
1. 修缮与复建相结合；
2. 吸收和独立相结合；
3. 传承与创新相结合；
4. 求同与存异相结合；
5. 静态与动态相结合。

项目介绍

总平面图

一层平面图

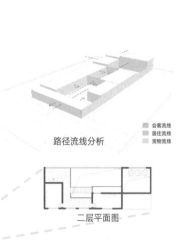

路径流线分析

二层平面图

改造分析

　　第一进院落原本是住房区和接待区，生活区和对外待客区功能相混合，使得居室缺乏私密性。同时，原有的房间是东西朝向，现在住房后移使得住房均朝南向，增加了住房的舒适度，而第一进院落彻底改成对外开放区，符合国家的乡村振兴战略，酒坊的会客室也可以后期改成餐馆，多渠道增加农民收入。

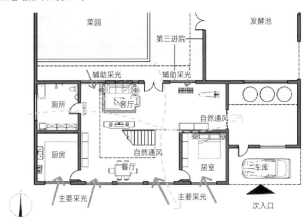

住房一层采光通风分析图

　　第二进院落在原有功能的基础上增加了木架和绿化，使得生产酒的环境更加富有诗意，也可以在固定时间对外开放，形成一个参观酿造酒过程的区域。第三进院落是生活区域增加了私家车库和后院。运输货物的车可以在东侧的卷帘门处停留，东侧的三间连续的生产酿造房也形成一个酒的原料运输—酿造—储藏—售卖的从生产到输出的产业链。

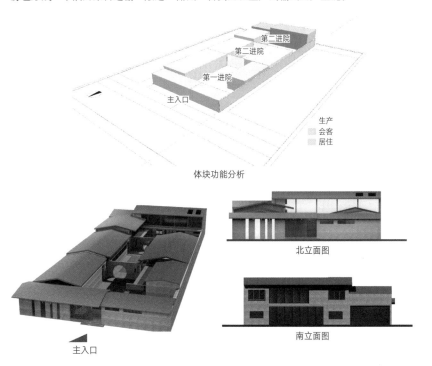

体块功能分析

北立面图

南立面图

主入口

效果透视

绿色创新技术介绍

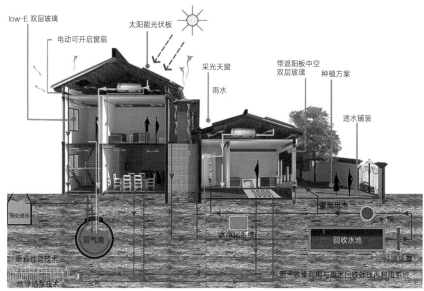

绿色装配式集成总图

学校：华山水利水电大学　　　指导老师：程炎炎　　　设计人员：刘胜帅　杜尚源　陈佳妮　黄昕和

【徽派新型民居】——美丽乡村新型农房设计

现状调研

地域分析

选址位于安徽省黄山市徽州区府所在地岩寺镇西10km处。呈坎古名龙溪，自唐末江西南昌府秋隐、文昌罗氏二兄弟举家迁此"择地筑是而居"易名呈坎以来，已有一千多年历史，是我国当今保存最完好的古村落之一。

呈坎村可以被称为美丽的自然风光与徽派文化艺术结合的典范。此村依山面河而建，坐西朝东，面对灵金山，背靠葛山。河东河西分别有上结山和下结山，龙山与龙盘南北相对。以河为界，犹如两把太师椅相扣，被朱熹誉为"呈坎双贤里，江南第一村"。

建筑类型

徽式建筑是中国传统建筑最重要的流派之一，其源于东阳建筑，徽派建筑作为徽文化的重要组成部分，历来为中外建筑大师所推崇。其并非特指安徽建筑，主要流行于徽州六县与严州大部以及周边徽语区（如安徽旌德、石台，江西浮梁、德兴等）。以砖、木、石为原料，以木构架为主。梁架多用料硕大，且注重装饰。还广泛采用砖、木、石雕，表现出高超的装饰艺术水平。

徽派建筑的最大特色在于马头墙。马头墙的构造特点是墙头随屋面坡度层层叠落，以斜坡长度定为若干挡，墙顶挑三线排檐砖，上面附以小青瓦。

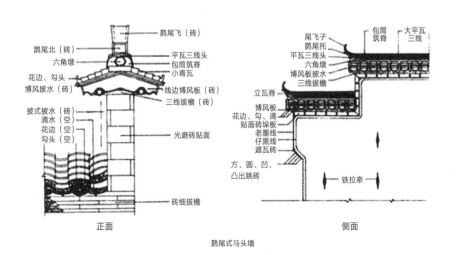

鹊尾式马头墙

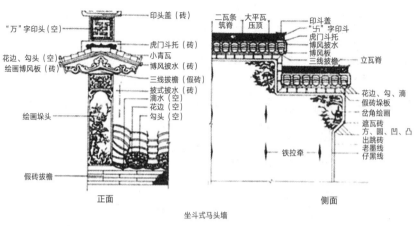

坐斗式马头墙

坐吻式马头墙

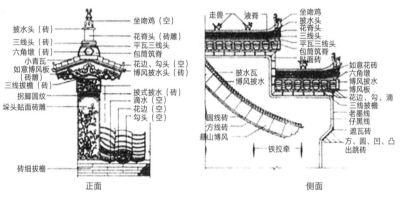

建筑平面分析

平面类型	特点	示意图
"凹"形平面	三间式，三间一进，有厢房的称"一明两暗"，没有厢房的称"明三间"	厢房 厅堂 厢房／天井
"回"形平面	四合式，俗称"上下厅"，也称"上下对堂"，三间两进式，两组三间式相向的组合	厢房 厅堂 厢房／天井
"H"形平面	三间两进堂中间，为两个三间式相背组合，前后各有一个天井	厢房 厅堂 厢房／天井／厢房 厅堂 厢房
"日"形平面	三间三进式，第一进与第二进，第二进与第三进之间各有一个天井	厢房 厅堂 厢房／天井／厅堂／天井

平面扩展演变

徽州宗族崇尚程朱理学，每个家庭是宗族制度中的一个基本单位，每个家庭都应该承担在宗族中的义务和责任。

安徽民居的各种平面形制，其实都是以三合院作为基本原型进行演变的，这是宗族—家庭结构关系的直接体现。每个基本单元的大小和形式基本相同，这样可以保证每个家庭拥有基本相同的居住空间。

大户人家的住宅只是多了几个单元，和原型相比只是单纯的复制和再组合，外部形态和空间结构没有本质的区别。所以徽州村落具有一定的相似性。究其原因，它们都是宗族制度下的相似单元的集合。

建筑结构立面分析

结构形式	结构特点	示意图
抬梁式	1. 屋面上的荷重是通过梁传递到柱子上的； 2. 木材多较粗大； 3. 开间较大	
穿斗式	1. 柱承檩，檐下的柱子落地，组成框架结构，直接负担屋面荷重； 2. 较抬梁式节约木材； 3. 由于柱子密度较大，开间较小	
穿斗抬梁式	1. 一层采用抬梁式结构，可以获得较大的使用空间，避免穿斗式的满堂柱； 2. 山墙处采用穿斗式，可以节省木材； 3. 梁、枋做成弯曲的造型	

安徽民居的木构架体系，最大特点是其根据实际需要，结合山岳文化中的穿斗式结构体系和中原文化中的抬梁式结构体系，演变出的一种新的结构体系——穿斗抬梁式，地域特色十分突出。

抬梁式结构体系的特点是梁架在柱子上，屋面荷载通过梁传到柱子上，再传至基础。民居中的承重梁常做成月梁的形式，当地俗称"冬瓜梁"。月梁的横截面近似圆形，两端细、中间粗，中间向上弯曲。梁下用斗栱承托。

穿斗式结构体系的特点是其形成了框架结构，直接承担屋面荷载，非常牢固。民居枋的横截面为矩形，不承载屋面荷载。

由于穿斗式柱网布置较密，影响室内空间使用，无法获得较大的开敞空间，因此，为获得大空间，民居采用穿斗式与抬梁式组合的木构架形式。基本上一层使用抬梁式，而山墙面使用穿斗式。这样既可以获得大跨度的室内空间，又可以减少木材的使用。

而立面的韵律与起伏变化如图所示。

连续的、渐变的韵律   起伏的韵律   交错的韵律

马头墙的韵律

村落调研

呈坎村四面环山，面积大约 1km²，在村子的西边和南面各有一个出入口，游客仅在狭窄的道路都有中间行走，无暇顾及周围环境，加上每条巷道都有几十米长，外人行走在其间，注意力容易分散，这就会导致人们对巷道中的景物记忆不深，就算之前走过，也会让人产生这并不是同一条道路的感觉。

村落的街巷空间构成复杂，被称为"三街九十九巷"。水利设施遗存丰富，包括水圳、沟渠、河坝、石碣以及散布于村内的古井等。

巷道空间，不仅是交通联系的枢纽，同时也是风道，可以调节局部的微气候。由于巷道相对较窄，当风吹过时，巷道就变成了一个风道，可以提高风速，有利于降温。同时，受到周边建筑的遮挡，阳光不易照射到巷道内，因此巷道内的空气温度较低。

村落现状问题

1. 仿古街道的出现。除去因旅游因素带来的传统建筑破坏等现象，近年来不断流行的"仿古街道"愈演愈烈，致使古村落内的建筑一旦出现问题，人们第一个想到的并不是及时修缮与保护，而是直接拆除后建造新的取而代之。

2. 村庄内河流等自然景观保护不完善。自然景观是村落的重要组成部分之一。时代发展以来，自然景观也随之变化，对于自然景观的保护依然是村落保护的重点。

3. 乱搭乱建现象的发生。村民时常根据自家房屋的需求对建筑进行一定的改造，这些改造较为现代化，与周边的古建筑环境极不协调。

4. 建筑自身的保护问题。在调研过程中，建筑的白墙受到百年来自然环境的侵蚀，已呈现出破败的现象，如何用现代技术对其进行保护也是传统村落保护的重要工作之一。

徽派典型传统民居图纸

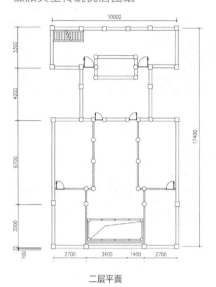

二层平面

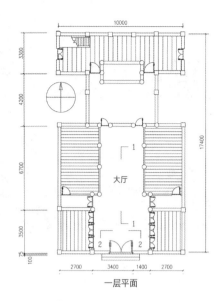

一层平面

南立面

西立面

北立面

1-1 剖面图

2-2 剖面图

方案设计

设计理念

"凹"形平面

1.一明两暗式，有厢房；或明三间，无厢房。

2.回形即上下对堂，形成口字形。

"回"形平面

3.H形俗称一脊换两堂，由两个三合院组成。

4.日形即三间两进式，中间隔以天井。

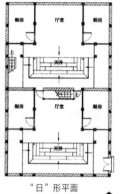

"日"形平面

"H"形平面

概念模块演变：

由最初的长方形形体，逐渐分化成两个大小不一的体块。

从一进院落变为二进院第，体块之间根据功能变为不同大小的体块。

方案设计

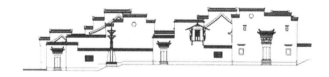

徽式建筑大多采用硬山做法，山墙高低错落，称为马头墙，马头墙高出屋顶，承阶梯状分布，马头墙有一阶、二阶、三阶、四阶之分。外墙搞大封闭。

传统徽式建筑

方案设计

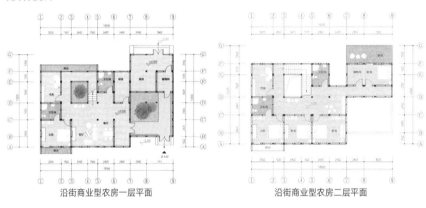

沿街商业型农房一层平面　　　　　　　沿街商业型农房二层平面

户型特点：本户型主要提供给沿路的家庭，一层设置沿街商业，让农闲的时候住户能够有额外的收入。主人居住和商业部分分开，为居住空间提供一个安静的环境。农房部分设置两个天井，楼梯围绕天井展开，为农房提供良好的景观。

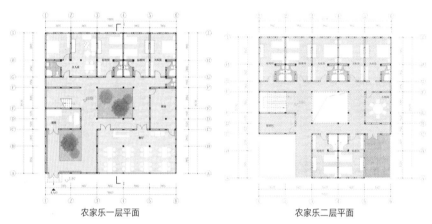

农家乐一层平面　　　　　　　　　　农家乐二层平面

北立面图　　　　　　　东立面图

户型特点：本户型为农家乐。客房和主人居住空间都围绕天井展开，具有传统民居独特的生活体验。同时农房设置太阳能一体化以及雨水收集系统等。

体块变化

南立面图　　　　　　　　　　西立面图

由最初体块分化成一大一小两个体块；高度初步开始不同

由一进院落逐渐演变成二进院落；高度进一步变化

方正对齐的两进院落进行错落；高度开始依据功能变化

体块最终演变形成；民居仿天井模式开始改变；高度最终确定

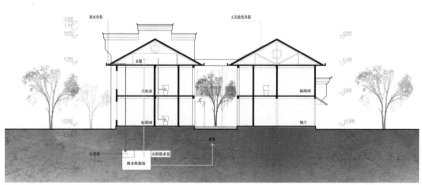

农家乐剖面

体块变化

建筑由最初的大体块中心分化出中庭；建筑高度初始

建筑两端开始靠近，开始分为两个院落；建筑高度开始局部改变

建筑体块根据功能变化，高度根据功能也开始变化

建筑最终演变完成，体块生成最终屋顶；建筑高度最终确定

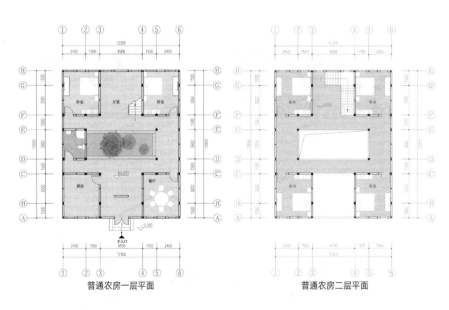

普通农房一层平面   普通农房二层平面

    户型特点：本户型适用于未进行商业活动的普通人家，整个建筑较符合当地传统民居形式，围绕天井展开整个功能序列。

装配式分析

装配式介绍

框架柱
框架梁
钢板
钢板与框架连接板
剪刀连接杆

装配式梁柱墙结构组合

    装配式建筑，即将建筑的全部构件在工厂预制完成，然后运送到施工现场，将构件通过可靠的连接方式组合在一起的建筑。

    与传统的建筑工艺相比，在抗震性、品质、工艺、成本、节能环保等方面也更加出色，尤其极大地减小了天气对施工的影响。

钢筋网架机   摆放底部钢筋

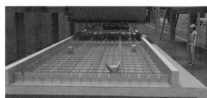

布料震动   入窑养护

脱模入库

    装配式建筑的构件实行了工厂化的再生产，构件相当于标准的产品，质量更加有保证。

    用于周转的材料投入相对少了很多。

    现场作业量的减少对于环保而言是很有好处的。

    构件的高标准机械化程度，能减少现场人员，在成本和安全方面也有极大的帮助。

装配式农宅建筑部品标准化体系

本方案采用古建筑部品标准化体系来设计。主板、墙板柱子都有基本的尺寸模数，力求用最少的建筑模数来搭建多种多样的农宅空间，满足多种跨度空间的需要。

方案定轴网为 1500mm 和 2400mm 的组合

主板的模数系列：900mm，1300mm，1400mm

采用的墙板具体构造：900mm×2700mm，1300mm×2700mm，1400mm×2700mm

1.框架柱四种形式

2. 墙板、柱平面定位及墙板模数

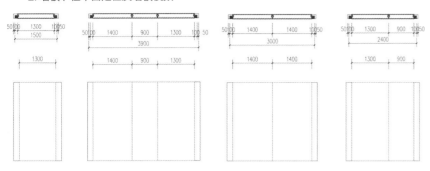

3. 主板的模数系列

板长 板宽	1500mm	2400mm	3000mm	3900mm
1500mm				
2400mm				
3900mm				

搭接示意图

4. 外墙立面门窗形式

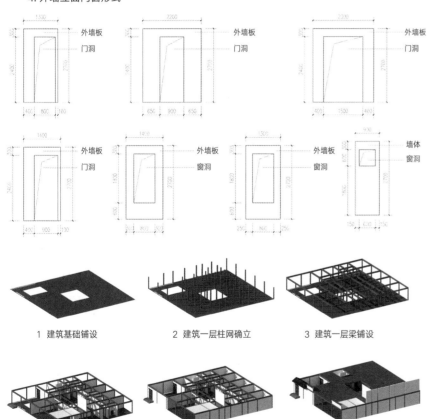

1 建筑基础铺设　　　2 建筑一层柱网确立　　　3 建筑一层梁铺设

4 建筑一层内墙搭建　　5 建筑一层外墙搭建　　6 建筑二层地板铺设

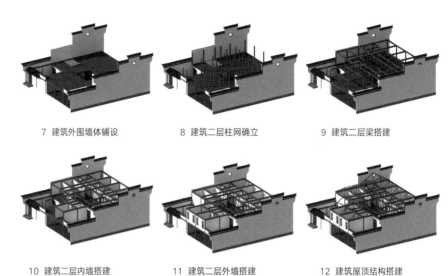

7 建筑外围墙体铺设　　8 建筑二层柱网确立　　9 建筑二层梁搭建

10 建筑二层内墙搭建　　11 建筑二层外墙搭建　　12 建筑屋顶结构搭建

最终建筑完成

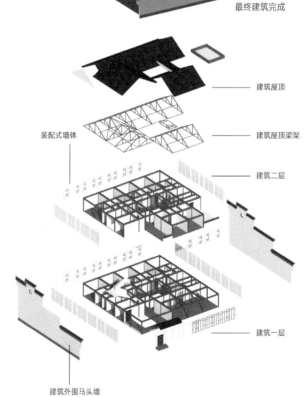

建筑屋顶

装配式墙体　　　　　　建筑屋顶梁架

建筑二层

建筑一层

建筑外围马头墙

学校：北京工业大学　　　指导老师：戴俭　　　设计人员：李琦　宋怡宁

【蜀中】——四川装配式农房设计

调研篇

大英县卓筒井镇简介

宏观背景

地理条件：四川省遂宁市大英县卓筒井镇地处四川盆地，地势起伏较大。
人文环境：蜀中川渝文化。
聚落形态：沿地势、道路、河流而建，形成聚居区。

蜀中建筑特点

建筑形态：地处四川盆地，气候炎热潮湿，以小天井、吊脚楼为主。
蜀中建筑结构多以悬山式与穿斗式结合，以木结构承重，木质或青砖形成围护结构。
建筑装饰元素：大出檐，雕刻如木雕、石雕和砖雕等。

卓筒井镇村落全景图

聚落形态

四川典型传统居住建筑测绘

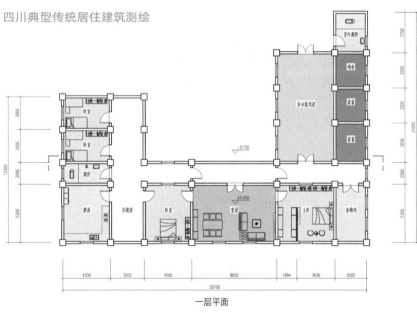

一层平面

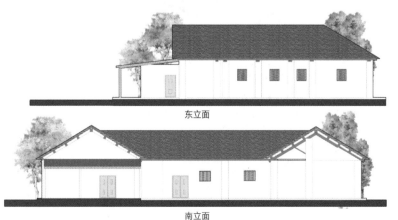

东立面

南立面

剖面

案例	建筑名称	地理位置	建筑面积	建筑层数	保护程度	建筑用途	房屋结构	基地环境	平面图	实景图片
1	小青瓦合院	遂宁市卓筒井镇	243m²	1	一般	自宅	砖木结构	近河平地		
2	砖混长房	遂宁市卓筒井镇	131m²	1	良好	自宅	钢筋混凝土结构	缓坡		
3	老旧土坯房	遂宁市卓筒井镇	93m²	1	差	自宅	土木结构	靠山平地		
4	歇山顶庙宇	遂宁市卓筒井镇	186m²	1	一般	庙宇	砖木结构	山顶		

传统地域建筑要素提取

屋顶类型	悬山	歇山	攒尖
手绘图示			
建筑图示及所处位置	大英县 自建砖木	大英县 某庙宇	大英县 某庙宇
	大英县 废弃土坯房	合江县 绕坝古镇	成都市 洛带古镇

墙体材料类型	土	砖石	木质
建筑图示及所处位置	大英县 废弃土坯房	大英县 三合院	成都市 李家大院
	成都市 洛带古镇	成都市 洛带古镇	雅安市 上里古镇

梁架结构类型	穿斗式	干栏式
手绘图示	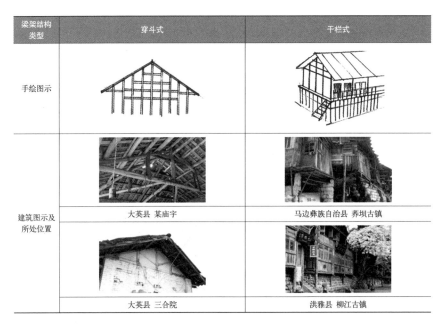	
建筑图示及所处位置	大英县 某庙宇 大英县 三合院	马边彝族自治县 荞坝古镇 洪雅县 柳江古镇

基本建筑构造特征	大出檐	高勒脚	冷摊瓦
手绘图示			
建筑图示			

基本建筑结构特征	外封闭	内开敞	小天井
手绘图示			
建筑图示			

村民基本情况

根据336户当地人口数据，得到相关信息。

骑龙寨村人口年龄分布

在对村民年龄的调研过程中，年龄在40~60岁的人口居多，比例为34%，高于20~40岁区间的29%。年龄段在20岁以下和60岁以上的比例分别为16%、21%，两者比例相差不多。年龄段在中青年的人口比例相对最多，老龄化不是很明显。

小于20岁 20~40岁 40~60岁 大于60岁

骑龙寨村人员类型统计（2020年3月）

在对村民人员类型的调研过程中，外出务工的人员比例最大，达到了71%。学生和探亲的人员比例较为接近，分别为11%和14%。还有其他类型的比例为4%。

学生 务工 探亲 其他

村民基本户型统计

家庭组成类型

独户　夫妻家庭　核心家庭（3口之家）
核心家庭（4口之家）主干家庭（5口之家）主干家庭（6口之家）

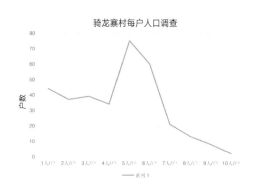
骑龙寨村每户人口调查

户数

1人1户 2人1户 3人1户 4人1户 5人1户 6人1户 7人1户 8人1户 9人1户 10人1户
系列1

1人1户（44户）：孤寡老人住宅（85%以上为60岁以上）
2人1户（37户）：夫妻二人住宅
3人1户（39户）：三口之家住宅（年龄跨度大，小孩6~30岁；父母40~65岁）
4人1户（34户）：四口之家（父母+两小孩，60%）
　　　　　　　　三口之家+老人（10%）
　　　　　　　　四个成年人（30%）
5人1户（75户）：五个成年人（10%）
　　　　　　　　五口之家（父母+三小孩，25%）
　　　　　　　　四口之家+老人（30%）
　　　　　　　　三口之家+两老人（35%）
6人1户（60户）：基本为四口之家+两老人
根据调研确定四口之家以及三、四口之家+老人为一代主要设计方向，在此基础上进行代际扩建。

村民改造意向调研

骑龙寨居民房屋改造意向
系列1

房屋给水排水
公共活动空间　　环境绿化
立面美观　　基础卫生设施

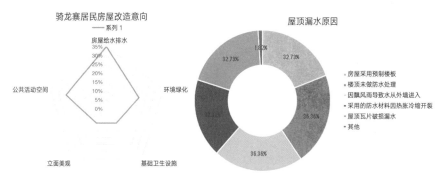
屋顶漏水原因

房屋采用预制楼板
楼顶未做防水处理
因飘风雨导致水从外墙进入
采用的防水材料因热胀冷缩开裂
屋顶瓦片破损漏水
其他

在对村民所居住房屋存在问题以及改造意向的调研过程中发现，农房施工质量参差不齐及房屋给水排水是存在的主要问题，村民改造意向比例达到了35%。
公共活动空间和环境绿化所占比例分别在25%和20%左右，主要表现为公共活动空间不足、公共活动设施缺乏、绿化环境较差等问题。
立面美观以及基础卫生设施的改造意见较小，比例在10%左右。

针对改造意向占比最大的房屋给水排水方面，进行了进一步的原因分析，其中各方面的因素如房屋采用预制楼板、楼顶未做防水处理、因飘风雨导致雨水渗入、防水材料因热胀冷缩开裂、屋顶瓦片破损漏水等都占有一定的比例，且相差不大，分别为32.73%、36.36%、36.36%、30.91%和32.73%。还有1.32%的比例是除了这些之外的其他因素。

通过数据可知以上几种都是导致屋顶漏水的主要原因，在后期的房屋设计建造过程中会充分考虑到这一方面的问题。

现状问题总结

存在问题类型		具体问题
功能使用	平面布局	房屋整体位置造型多为村民自己规划，平面布局较为混乱
	空间使用	功能分区混乱，缺乏合理规划
	采光通风	房屋朝向不合理，窗地比不符合规范要求，采光较差，开窗位置较为随意，通风较差
	房屋给水排水	给水排水设计不合理，屋顶漏水问题严重
立面外观	立面造型	多数后建农房没有维持原本的特色，与当地历史文化、自然生态环境不协调
结构支撑	结构类型	多数为村民自建，建筑材料大多就地取材
施工建造	施工质量	多数为村民自建，质量参差不齐
公共设施	公共活动空间	公共活动空间较为缺乏，内部环境较差
	基础卫生设施	没有专门的管理部门，垃圾处理较为随意
	环境绿化	农村的绿化没有专门的管理部门，绿化基本上只有野生的杂草和树木

装配式优势

节省资源　采用建筑、装修一体化设计、施工，理想状态是装修可随主体施工同步进行。无论是人力资源还是材料，包括外架、脚手板、模板、钢筋、混凝土等全部都能节省。预制构件建筑不用搭外架，只需要部分位置的安全围栏。

缩短工期　预制构件均在工厂生产，现场进行吊装拼接作业。施工装配机械化程度高，大大减少了现场的和泥、抹灰、砌墙等湿作业，受天气影响小，效率更高，大大缩短工期。装配式建筑无传统构件，在运输和吊装条件良好的情况下，1天就可完成200~300m²的主体建造。

减少污染　装配式建筑对节能环保大有益处，可以大量减少建筑垃圾和废水排放，降低建筑噪声，减少有害气体及粉尘的排放，减少现场施工及管理人员，有利于我国城市健康、绿色发展。

外立面形式丰富　用预制构件可以实现复杂的建筑形式，而且外立面质量更好，一次成型，免去二次抹灰或者其他安装过程。

绿色节能　在使用过程中，装配式建筑更加节能环保，如果按照每户计量的方式，在相同的取暖条件下，装配式住房室内保温更好，而住宅户主可以降低暖气温度，节省取暖费，同时减少了能源的使用；外墙装饰在工厂内一次性完成，避免了传统现场施工带来的外墙颜色不匀，易起皮、开裂、变形、褪色等问题，减少建筑后期维护成本。

性能更好　提高了墙体和门窗的密封功能，保温材料具有吸声功能，有效地阻隔声音的传递，使室内有一个安静的环境，避免外来噪声的干扰，使用不燃或难燃材料，有效地防止了火灾的蔓延，具有更好的防火阻燃效果：大量使用轻质材料，降低建筑物重量，增加装配式的柔性连接，有效抗震。

设计篇

总平面图

鸟瞰图

效果图

可以选用小青瓦、石棉瓦、油毡瓦、彩钢瓦板等作为坡屋面的表层，作为防水构造的同时，延续传统风貌。

屋面利用太阳能光伏板，产生清洁能源，既能满足日常电、热需求，坡屋面又能与传统风貌相呼应。

轻质标准模块板作为屋面的结构层，进行防水构造处理。

轻质标准模块板作为墙体的围护层。

对轻质模块板进行勾缝、刨花处理，达到传统民居风貌的肌理效果。

本次设计中，采用标准化的门窗构件，尽量统一构件类型。

标准化的门窗构件，可以满足不同尺度的采光开洞要求。

标准化的楼梯构件，便于安装调整。

本次设计中，采用标准化的门窗构件，尽量统一构件类型。

院落的围墙、大门、踏步等构筑件，亦使用标准件进行组合构成。

根据当地传统建筑特色与生活实际，设计南北三开间、东西两开间的基础一层户型，考虑实际气候以及农村生活特点，设计具有种植、养殖和交往功能的侧院，构建以厅堂为核心的生活空间，同时加入以天井空间为原型的庭院，具有改善室内光环境与气流的功能。

一代农房的考虑以3~4人为主要用户对象，在二层设置一间卧室，同时因当地农业生产的需求，布置二层的南向大露台以便于晾晒谷物，同时也具备在后续代际扩建的过程中改建成卧室的可能性。

根据调研成果，当地的一人一户住宅占比为15.22%，其中大部分为60岁以上的老人，因此据此设计一层特殊户型，将基础户型的楼梯间改为储藏室，以满足标准化模数以及居民实际生活的需求。

经济技术指标	
建筑面积	112m²
占地面积	176.5m²
容积率	0.63
绿地率	37%

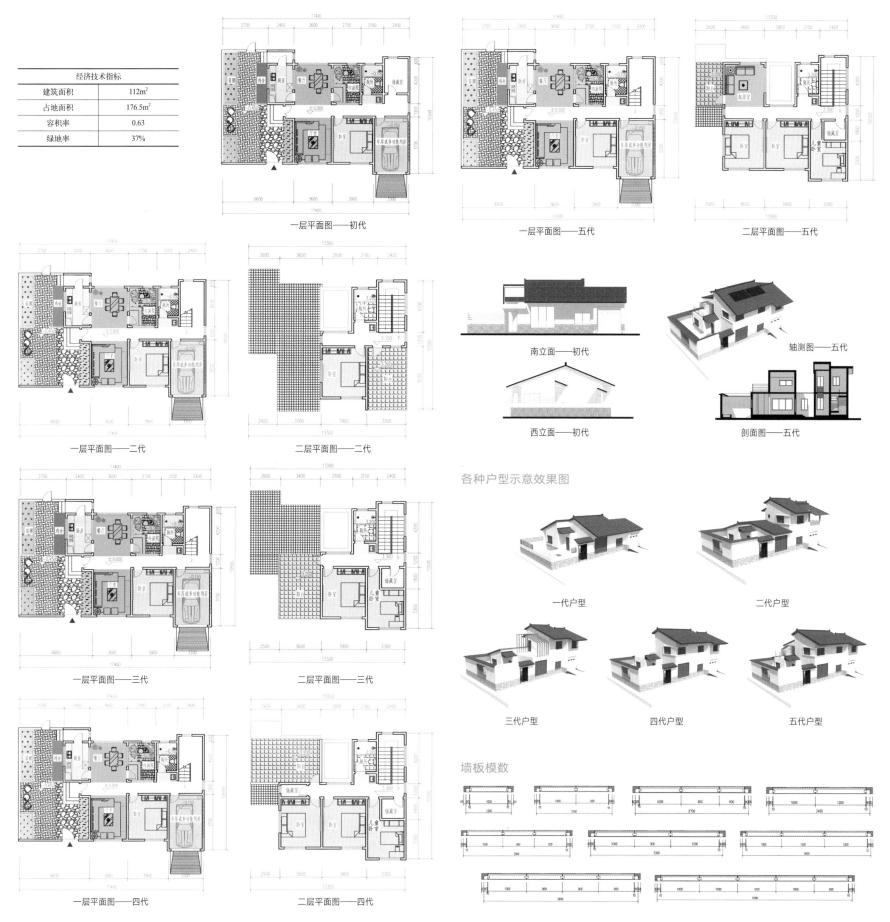

一层平面图——初代

一层平面图——五代

二层平面图——五代

一层平面图——二代

二层平面图——二代

南立面——初代

轴测图——五代

西立面——初代

剖面图——五代

一层平面图——三代

二层平面图——三代

各种户型示意效果图

一代户型

二代户型

三代户型

四代户型

五代户型

一层平面图——四代

二层平面图——四代

墙板模数

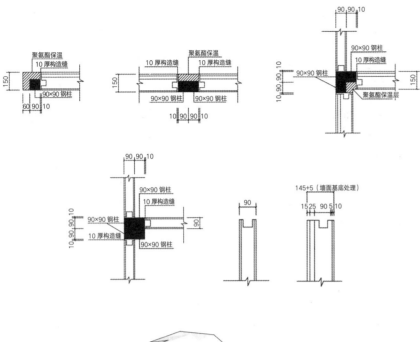

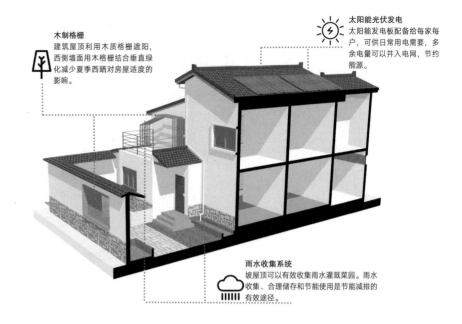

木制格栅
建筑屋顶利用木质格栅遮阳，西侧墙面用木格栅结合垂直绿化减少夏季西晒对房屋适度的影响。

太阳能光伏发电
太阳能发电板配备给每家每户，可供日常用电需要，多余电量可以并入电网，节约能源。

雨水收集系统
坡屋顶可以有效收集雨水灌溉菜园。雨水收集、合理储存和节能使用是节能减排的有效途径。

屋顶体系

结构体系

墙板体系

基础体系

通过构建雨水循环系统来利用当地较为富足的降水，通过主动式与被动式结合的策略，最大程度利用雨水资源，为住户提供清洁用水、灌溉用水等。

装配式农宅室内装修样板

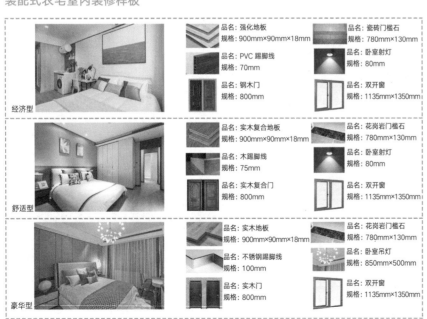

经济型
- 品名：强化地板　规格：900mm×90mm×18mm
- 品名：PVC 踢脚线　规格：70mm
- 品名：钢木门　规格：800mm
- 品名：瓷砖门槛石　规格：780mm×130mm
- 品名：卧室射灯　规格：80mm
- 品名：双开窗　规格：1135mm×1350mm

舒适型
- 品名：实木复合地板　规格：900mm×90mm×18mm
- 品名：木踢脚线　规格：75mm
- 品名：实木复合门　规格：800mm
- 品名：花岗岩门槛石　规格：780mm×130mm
- 品名：卧室射灯　规格：80mm
- 品名：双开窗　规格：1135mm×1350mm

豪华型
- 品名：实木地板　规格：900mm×90mm×18mm
- 品名：不锈钢踢脚线　规格：100mm
- 品名：实木门　规格：800mm
- 品名：花岗岩门槛石　规格：780mm×130mm
- 品名：卧室吊灯　规格：850mm×500mm
- 品名：双开窗　规格：1135mm×1350mm

未来篇

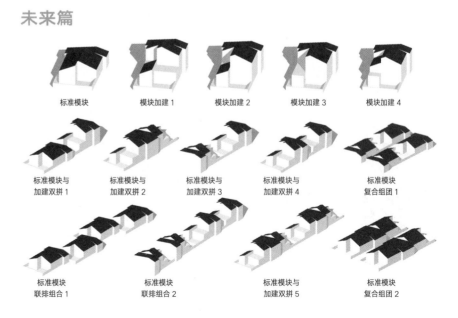

标准模块　模块加建1　模块加建2　模块加建3　模块加建4

标准模块与加建双拼1　标准模块与加建双拼2　标准模块与加建双拼3　标准模块与加建双拼4　标准模块复合组团1

标准模块联排组合1　标准模块联排组合2　标准模块与加建双拼5　标准模块复合组团2

三种地形的组团应对策略

平地

坡地

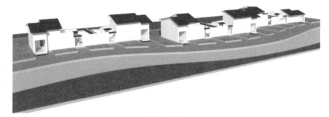

临河坡地

学校：合肥工业大学　　指导老师：曾锐　李早　汪强　　设计人员：古尤龙　谢济名　杨冉

【乡村衣食，浮生之"间"】——陕西省西安市鄠邑区祁南村

选址区位及现状

现状描述与设计意图

祁南村临近水系，村庄发展是四周扩张的方式，道路规划整齐。以公输堂为圆心，半径50m内不能有永久性建筑。当地农业较为发达，但还停留在较为传统的模式。手工业不发达，有一定的贫富差距。建筑形式单一，有一些废弃的房屋和工厂及无人使用的空地。

本次设计灵感来源于《浮生六记》中的乡野景象。设计意图"激活乡村"以人的行为现象为出发点分析，不管是任何身份、任何目的来到乡村，都会体验到乡野情趣。设计采用"浮生之'间'"的理念，运用装配式建筑概念，以预制材料，简便搭建创造出多种多样的空间，丰富人们的生活方式，在这乡野间，感叹浮生。

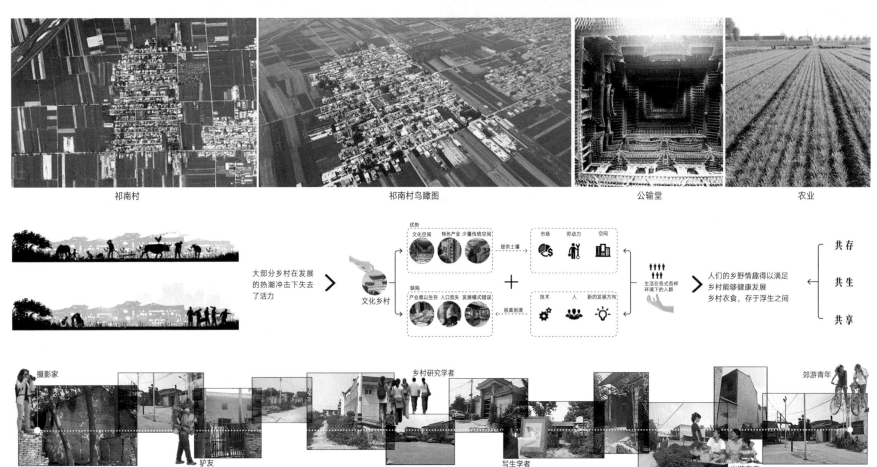

祁南村　　　　　　祁南村鸟瞰图　　　　　　公输堂　　　　　　农业

选址区位分析

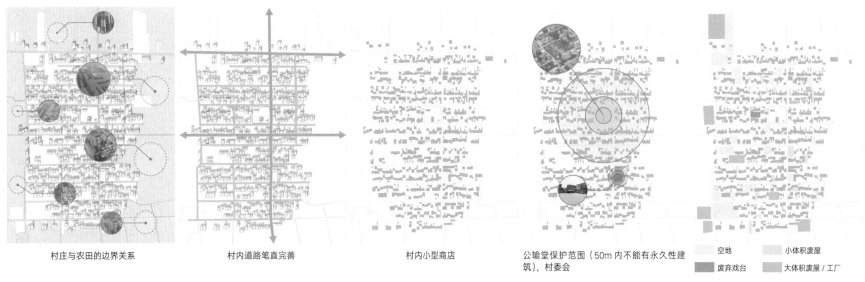

村庄与农田的边界关系　　　村内道路笔直完善　　　村内小型商店　　　公输堂保护范围（50m内不能有永久性建筑），村委会

空地　　小体积废屋
废弃戏台　　大体积废屋／工厂

可用地利用意向

夜市

活动广场：露天电影、广场舞

乡村阅读，交流小型公共空间

树屋：公共空间

文创 / 手工业 / 出租厂房

民宿（淡季可作其他用途）

恢复的老戏台

总平面及分析

北

0 25m 50m 100m　　　250m

节能设计分析

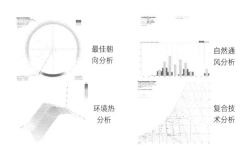

最佳朝向分析　　　自然通风分析

环境热分析　　　复合技术分析

祁南村属于暖温带半湿润地区，冬冷夏热，四季分明。设计时应考虑保温隔热。

行为尺度分析

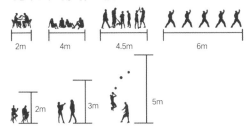

2m　　4m　　4.5m　　6m

2m　　3m　　5m

根据对人们活动尺度的分析，得出以下几种空间的应有尺度：
树屋：最大活动范围为 6m × 6m
阅读走廊：高度为 4m
戏台：高度为 3~5m 之间

空间种类分析

阅读　　　聊天、文娱　　　实验种植

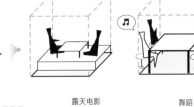

集市　　　露天电影　　　舞蹈

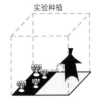

夜市　　　文创 / 手工工厂　　　恢复戏台

公共空间细节

铺设场地　　　工字钢结构用于竖向支撑与主梁　　　木次梁与主要结构铆接

安装简易灯具　　　盖板　　　便民剧场完成

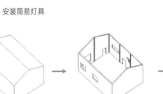

废弃房屋　　　保留原围墙用工字钢支撑　　　围墙作为庭院空间　　　外围拓展一圈宽度为 4m 的走廊空间用于阅读

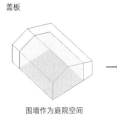

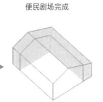

使用钢结构骨架　　　强顶部安装简易 LED 灯，用可以与外界交流的活动墙面替代一部分原有墙面　　　屋顶天窗采光

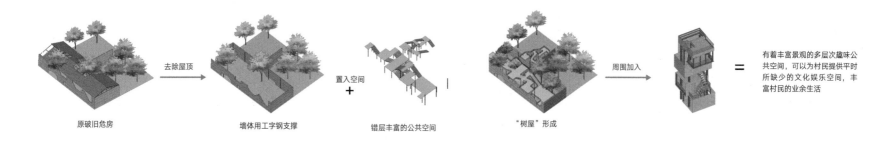

去除屋顶　　墙体用工字钢支撑

原破旧危房　　墙体用工字钢支撑　　错层丰富的公共空间

置入空间

"树屋"形成　　周围加入　　有着丰富景观的多层次趣味公共空间，可以为村民提供平时所缺少的文化娱乐空间，丰富村民的业余生活

浮"舟"

用简洁的材质
营造干净极简的室内空间
喝茶，饮酒，闲读
在小空间内感受乡野

双层中空填保温地板

结构木柱

小屋地板与竖向关系节点

屋面与竖向关系节点

LED 灯带

弧面吊顶

白色磨砂亚克力透光板与竖向构件关系

双方向铆接关系

三方向铆接关系

浮"间"

用单元组合与民房院落之间的空间相结合，满足基本使用需求，也与乡野环境对话

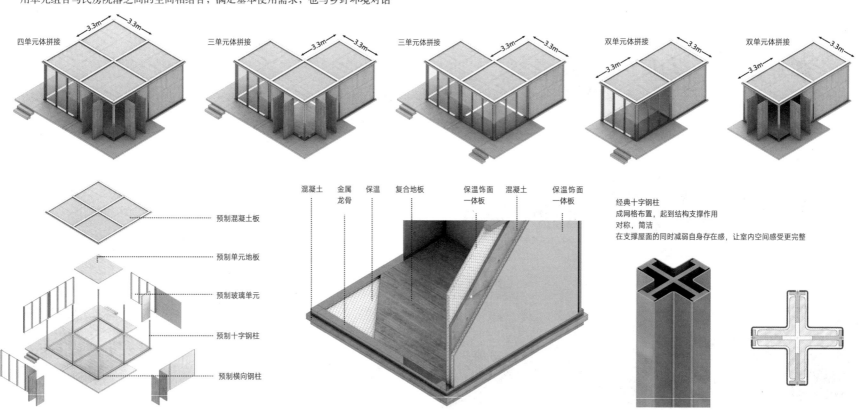

四单元体拼接　3.3m　3.3m

三单元体拼接　3.3m　3.3m

三单元体拼接　3.3m　3.3m

双单元体拼接　3.3m　3.3m

双单元体拼接　3.3m

预制混凝土板
预制单元地板
预制玻璃单元
预制十字钢柱
预制横向钢柱

混凝土　金属龙骨　保温　复合地板　保温饰面一体板　混凝土　保温饰面一体板

经典十字钢柱
成网格布置，起到结构支撑作用
对称，简洁
在支撑屋面的同时减弱自身存在感，让室内空间感受更完整

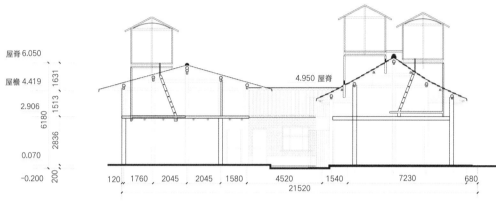

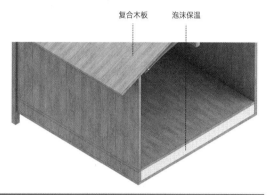

复合木板　　泡沫保温

绿蚁新醅酒，红泥小火炉。晚来天欲雪，能饮一杯无？

学校：北京工业大学　西安建筑科技大学　　　指导老师：戴俭　　　设计人员：王雅鑫（北京工业大学）　薛璞（西安建筑科技大学）